JOURNEY TO THE EDGE

ACCIDENTS AND DISASTERS IN THE HISTORY OF MANNED SPACEFLIGHT

星際先鋒

美國衛星製程總工程師

解密7宗太空意外事件

推薦序

創造台灣在太空經濟的機會

吳宗信　國家太空中心主任、火箭阿伯、國立陽明
交通大學ARRC前瞻火箭中心創辦人

翻開自序第一句，竟與我常被問及的問題不謀而合，同病相憐！瞬間就認同了這本書！

「你能告訴我們，為什麼要花那麼多錢去月亮，或是去太空？將那些錢花在國內其他需求不是更好嗎？」

而我的答案就如書中所說，發展台灣的太空產業所花的每一分錢，都是為了國內產業能被世界看見、創造台灣於太空經濟中的機會。

就如同作者在書中提到的，他和整個團隊都在紙上簽名，而他慎重地簽下自己

的中文名字，即使最後燒印在電路板只剩下一個句點這麼小，但當火星拓荒者登陸時，心中湧起的激動還是讓他落淚。對比我曾經參與的無數次火箭引擎測試與飛試，無論規模大小，每次親身參與測試過程、親眼見到測試成功的那一刻，當天都讓我激動的睡不著，心中會有非常奇妙的滿足感，因為這就是我生命中的熱血啊！

作者用七次失敗緩緩道出人類在太空探索時所犯的錯誤，有時是政策因素、有時是人為疏失造成，而當我們所面對的問題及環境當前少有專家且無前例可循時，以管理階層凌駕專業階層所下的決策，往往將造成無法挽回的局面。

火箭是依附極其複雜的系統工程所組成，即便有一百次甚至一千次的測試成功，尚無法保證每一次的發射成功。所以我常告訴團隊，每一次的失敗都讓我們離成功更近，也是讓我們可以更安全完成測試的良藥，雖然它可能是極為苦口的，百分之九十九的測試成功，有一天會為我們帶來百分之百的發射成功！

閱讀過程能充分感受到作者對於這幾個失敗案例，大多原有機會可避免事故，最後以遺憾收場而發出的無奈。而這也不斷警示著正在如火如荼發展太空產業的台灣，千萬不可重蹈覆轍！

我認為即使不是太空迷，閱讀過程也能享受作者寫實且細膩的故事與文筆，且作者適時穿插了幾則詼諧的小插曲，例如：出發兩天後想起忘記報稅的太空人、為了不影響預定航線而被禁止排尿的太空人等等，能讓讀者在故事中除了看到過往失敗而感受無奈外，也能微笑著理解太空人也不過是一名人類。

最後，我與作者有同樣的期望，期望未來在地球上的人類，在探索未知的太空宇宙時，能不分彼此，互相幫助「人類」。

推薦序

來自NASA的最高度專業推薦

肯．亨利，NASA退役品保工程師，二〇二一年八月一日

本人肯．亨利（Ken Henry）投入航太工程工作逾五十年，其中許多時間在美國國家太空總署NASA擔任品保工程師。工作期間，我親身見證了身為工程師兼作家的王立楨，在航太產業所展現的專注、成就與優異的表現。

我也觀察到，在航太產業內，王立楨擁有高度的專業倫理與工作熱忱，因此他是最有資格撰寫航太相關書籍的人，而他過去出版的相關書籍，早已證明了這一點。

對於王立楨的書，我只能給予最崇高的推薦。太空船是非常複雜的系統，導致這些複雜系統機制失效的因素又何其多，但他在書中做了透徹的解說，讀來極有吸引力。

NASA

Retiree

8/1/2021

I, Ken Henry, having been in aerospace engineering for over 50 years, many of them as a Quality Engineer for NASA, have witnessed the performance, dedication and contributions made by Engineer, and now author, Li Wang, to the aerospace industry. My observations of Li's work ethics and sincere interest in aerospace technology have prepared him to be the ideal author of aerospace-related books which his prior publications have proven. I can only give Li's publications the highest recommendations. His insights into operation of complex spacecraft and their associated failure mechanisms can only be described as intriguing.

Ken Henry

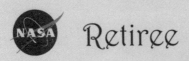

目次

Contents

自序

錢都花在哪裡？

「你能告訴我們，為什麼要花那麼多錢去月亮，或是去太空？將那些錢花在國內不是更好嗎？」這是我在多年前對高中學生演講時，被問到的一個問題。

美國高中畢業生進大學後選修理工科系的人並不多，為了扭轉這一情勢，許多科技公司都會在每年春季派一些科技人員到各高中去對學生講話，希望能吸引他們進入科技行列。

也許是因為我經常被指派去對顧客做簡報的原因，很早就被公司選中去做這個一般工程師都不願意去做的事。因為在這種場合下，那些高中生們經常會問一些很難回答的問題。一個鐘頭的演講下來，本來預定半個鐘頭的問答時間，有時就會延伸到一個多鐘頭，而那些問題有時和科技毫無關係，這時就要靠演講者的臨場反應了。

所以，當我第一次被問到上述問題時，我著實的愣了一下。因為「花多少錢」在我看來是會計方面的事，只要我部門沒有超出預算，我是不會在意整個專案的經費總額。但既然被問到了，就總得給個答案。

「你的這個問題很好。」我之前就學到這樣的回覆，是在自己沒有立即答案時，拖延時間讓自己可以思考的方法之一。

「你可以告訴我你父親的職業嗎？」我反問他。這時我已想到該如何回答他的問題了。

「他是個卡車司機。」那位學生回答。

「好，我告訴你為什麼我們要去太空，而且我更要告訴你那一筆錢，不管有多少錢，每一分都是花在國內！」我如此回答他。這時整個體育館裡的學生都安靜下來了，都想知道這些錢明明是為了去月亮而花，怎麼是花在國內？

「太空總署並不是將錢放在卡拉維爾角的太空基地的發射台上，火箭就可以去月亮。那一筆錢是花在雇用成千上萬的美國人身上，洛馬公司雇用了我，讓我去組裝太空載具，這樣我就有一份薪水可以養活我的家人。我們在加州工廠做好的產品，必須送到佛羅里達州的卡拉維爾角去，你的父親，或其他卡車司機就有了一份工作，你父親有了薪水就可以替你買你腳上那雙漂亮的 Nike 球鞋。賣給你球鞋的那家鞋店因為你的花費，雇用了幾位店員，那些人也因為有了那份工作，可以養活他們的家人。因此你可以看到這些錢就如你所說，完全是花在國內。」

「另外，你知道你的手機其實就是發展太空的副產品，因為手機裡面的電晶體及積體電路就是在發展太空產業時，所研究出來的。當初如果不進軍太空的話，這些東西也遲早會有，但不會問世的那麼快。而發展這些產業的錢，也就是你認為該花在國內的錢。」

說完這些之後，那些學生頓時了解發展太空的過程中，許多過程其實是與他們息息相關。

想到發展太空的過程與他們息息相關，我更想到我的職場生涯也真是躬逢其盛。當初因為熱愛空軍，喜歡飛機才進入航空這個行業。一九八三年美國雷根總統大力推動「先制戰略防禦計畫」（Strategic Defense Initiative）時，[1]我加入洛克希德公司[2]的飛彈與太空部門（Lockheed Missile & Space Co.）擔任製程工程師。在此後的三十年間我曾參與多項衛星與太空載具的專案，其中印象較為深刻而又沒有機密等級的專案有賀伯太空望遠鏡專案（Hubble Space Telescope）及氣象衛星專案（NOAA Weather Satellite），這兩個衛星的成果，我們經常可以在新聞台上看到，看到那些衛星所照的相片時，心中就會有一種非常奇妙的滿足感。

一九九四年我的部門曾在一個積體電路板完工後，所有參與製作過程的員工都被要求在一張紙上簽下自己的名字。原來那塊電路板是將被放在噴射推進實驗室（Jet Propulsion Laboratory）所製作的火星拓荒者（Mars Pathfinder）上。當時我很慎重地將自己的中文名字簽上，因為這是光宗耀祖的一件事。沒想到公司將這張紙拍照後，將它縮小到只有一個句點的大小，然後燒印在電路板上。十多個人的簽名縮小到一個句點那麼大，要用多大倍數的顯微鏡才能看清楚？不過當火星拓荒者於一九九七年七月四日在火星登陸時，我倒是著實的激動得掉下眼淚。當年最讓父母擔憂的我，竟然有幸留名在火星上！

在我任職太空部門的三十年間，我接觸到不少這個行業中的科學家與工程師，他們絕大多數都是一時之選，可以解決科技上的許多難題。但同時我也目睹一些晉升到管理階層的工程人員，在不同的考量下，會以「階級身份」來霸凌那些工程師們。**這些管理層級的人在進度與預算的考量下，會以本身的工程背景，指引工程師**

1 當時美國社會將之簡稱為星際戰爭（Star War），目標為建造太空中的反彈道飛彈系統，使敵人的核彈在進入大氣層前受到摧毀。

2 一九八三年時洛克希德公司尚未與馬丁公司合併。一九九五年與馬丁公司合併後改名為洛克希德．馬丁，簡稱洛馬。

做一些違反工程倫理的事。這種賭博性的行為如果得逞，那些管理人員就會將光環加在自己頭上，因為這些管理人員本身懂工程，所以有大多數的案例會通過測試，而達到他們的目的。但終究這些過程是不符合程序的，而這種在管理者霸凌下的產物終將是太空中產業下的隱憂。

本書各章節中，除了第一章是描述太空人阿姆斯壯的機智與快速反應外，其餘的幾個故事幾乎都可以看到管理人員在進度與經費考量下做出了某種決定，最後導致悲慘的後果。

我決定在這本書中凸現人類在太空探索的過程中所犯的的錯誤，而不去描述在這過程中的光輝成果（如登月成功的故事），主要的原因是成功的故事已經有太多的人去歌頌。而失敗的案例總是讓人不忍重顧。

幾年前在我所參與的一個衛星在測試中，無法在預定期限內通過一項測試，原本預備兩個星期就可以完成的測試，竟在七個月後還無法得到滿意的結果。這時參與整個專案的每位工作人員都感受到極大的壓力，更不要說專案的負責人。但是那位經理卻一個人扛下了所有的責難，沒有對工作人員說過一句重話。因為他知道不是工作人員不行，而是我們所面對的問題與環境是從來沒有遭遇過的。這時抱怨、辱罵完全是於事無補，只有小心的嘗試不同方法來解決問題。結果那個測試在七個半月後圓滿完成，這個進度的延遲及超出的預算對整個專案來說，有著極端的影響。但那位經理只簡單的說：「至少我們知道這個人造衛星進入太空後可以正常運作。」

在進度會議中，這位經理面對咆哮的空軍將領所表現的態度與堅持，在我專業職場生涯中是一個非常鮮明的回憶。

在太空探索的過程中，科技是極端重要的一環，在經理階級的霸凌下員工的心情會受到影響，但物理的特性並不會因而改變！

這本書的出版，我要感謝徐統教授、汪治惠博士、魯國明先生及我退休之前長期與我合作的國家太空總署（NASA）的品管工程師亨利先生（Ken Henry）。他們幾位在科學理論上及文字上給了我許多建議，而亨利先生更是提供了許多珍貴的太空總署內部資料，這些支援使這本書的內容更加精彩。

最後，謹以此書來紀念我四十年的航太工程生涯，但願我在此行中的成就沒有讓我的父母失望。

二〇二一年八月十五日於新冠 Delta 變種病毒肆虐期間

飛到宇宙邊緣

一九〇三年十二月十七日，萊特兄弟設計的飛機在北卡羅萊納州的小鷹鎮（Kitty Hawk, North Carolina）成功飛行了八百多呎之後，人類頓時進入了千百年來一直憧憬卻無法涉足的天空。進入飛行領域之後，飛行科技的發展就真像是一飛沖天般的神速。

一九六三年八月廿二日，僅僅在萊特兄弟首度飛行六十年之後，美國國家太空總署的試飛員華克爾（Joseph Walker）就駕著一架X-15創下六倍音速及三十五萬三千兩百呎高度的紀錄，這已是離開大氣層、進入太空的高度了。

完成這項創舉之後，人類的下一個探險目標自然就放在外太空距離地球最近的星體：月亮。

其實，遠在幾千年之前，人類就對月亮有著高度的遐想。中國古代有嫦娥奔月的傳說，古希臘也有月亮女神的故事。然而在飛行還只是夢想的年代，那些傳說與故事也不過就流傳於人們的想像之中，沒有成真的可能。

等人類能駕著飛機遨遊藍天，並以倍音速的速度，飛到三十五萬呎的高空時，月亮就不再是遙不可及的星體了。

誰會最先抵達太空

太空中沒有空氣，靠空氣產生升力來飛行的飛機，在太空中無用武之地，必須使用另類科技所推動的載具才能在太空中活動。而由我們老祖宗所發明的火藥所演變出來的火箭，就成了離開地球進入太空的唯一工具。

二次大戰末期，德國用來攻擊英國的V-2飛彈，其實就是將炸藥裝在火箭頂端而成的簡易飛彈。這個火箭在測試時，以垂直姿態發射，曾經鑽升到十萬公尺（三十二萬八千呎）的高空，變成有史以來第一個進入太空的人造物品。

戰後，美國及蘇聯兩國各自俘虜了一批德國的火箭專家，美國且成功地在蘇聯軍隊抵達飛彈工廠之前，將上百枚的V-2飛彈搶先運回美國，作為研究之用。

這批俘虜的科學家中，V-2飛彈的總工程師馮伯朗（Wermher von Braun）是相當突出的一位。他不但聰穎過人，廿二歲時就由柏林洪堡大學（Humboldt University of Berlin）取得物理博士學位，更自學生時代即對太空航行有著相當濃厚的興趣。他的博士論文「液態燃料火箭引擎的原理、製造及實驗（Construction, Theoretical, and Experimental Solution to the Problem of the Liquid Propellant Rocket）」，在當時是一篇極為先進的論述，因為那時火箭普遍都是使用固體燃料。

美國俘虜了這些科技人員與取得實際硬體（那幾百枚V-2火箭）之後，將他們安置在阿拉巴馬州的亨斯維爾（Huntsville, Alabama），讓他們在那裡替美國陸軍研究與設計飛彈。

一九五七年十月四日，蘇聯成功地將一枚命名為「史波尼克」（Sputnik）的人造衛星射入太空。這個消息立刻震撼了整個世界，而美國更覺得這是奇恥大辱。因為美國在一九五五年七月就宣布要在幾年內研製並發射一枚人造衛星，但是沒想到蘇聯卻在這件事上搶了頭香。

為了在這場無可避免的太空競賽中爭回一些顏面，美國決定在一九五七年十二月六日於佛羅里達州的卡納維爾角空軍基地（Cape Canaveral Air Force Station）發射美國第一枚人造衛星。那天美國政府邀請了世界各國的新聞媒體前往參觀採訪，想藉此機會證明美國不但有相同的科技水平，更有完全透明的政策，不像蘇聯是等人造衛星升空之後才發表消息。然而沒想到火箭在點燃後的一點二秒、僅升高了一公尺左右，就在發射台上爆炸。

全世界的人都由新聞媒體上看到了火箭爆炸時的駭人場面。蘇聯總理赫魯雪夫更是藉著這個機會羞辱了美國一番。

蘇聯的成功已經刺激了美國民眾，而本國的人造衛星在眾目睽睽之下於發射時爆炸，更強烈傷害了美國的自尊。

當時負責將這枚人造衛星送入軌道的專案，是由海軍主導的「先鋒計畫」（Project Vanguard）。發射失敗之後，政府將發射的重任轉給陸軍彈道飛彈局（Army Ballistic Missile Agency, ABMA），而在彈道飛彈局擔任組長的馮伯朗自然就獲指定來負責這個「在兩個月之內將人造衛星送入太空軌道」的重大任務。

對馮伯朗來說，這不但是個重大的任務，更是一個遲來的任務，因為他終於有機會可以發展他從少年時期就有的太空探索夢想。他很快地將紅石飛彈（Redstone Missile）的火箭加以修改，然後真的在兩個月之內，於一九五八年一月卅一日把「探險者一號」（Explorer 1）人造衛星射入太空，讓美國正式進入太空時代。

此後幾年間，美蘇兩國的太空競賽目標由發射衛星轉成將太空人送進太空，這次蘇聯再度拔得頭籌。一九六一年四月十二日，太空人加加林（Yuri Gagarin）搭乘「東方一號」太空船（Vostok 1）由拜科努爾太空發射場（Baikonur Cosmodrome）

發射升空，在太空軌道上繞行地球一周，於一百零八分鐘後安全返回地球。加加林成為第一位進入太空的人類。

奮起直追的美國在三個星期後，終於在一九六一年五月五日，將第一批七位太空人[1]中的謝波德（Alan Shepard）送入太空次軌道[2]，但他只在太空中飛行了十五分鐘。

美國在太空競賽中這時尚處於劣勢，但總統甘迺迪卻在謝波德短暫太空飛行後不久，做出了一個相當大膽的決定。他在一九六一年五月廿五日對國會議員演說時，說出了一段擲地有聲、給美國設下明確目標的話。他說：「我認為這個國家應該給自己設下一個目標，在這十年之內，將一個人送上月球，並讓他安全返回地球（I believe that this nation should commit itself to achieving the goal, before this decade is out, of landing a man on the moon and returning him safely to the Earth.）。」

下一站月球

早在一九六〇年艾森豪總統時代，美國太空總署在剛成立時，就有了名為「阿波羅計畫」（Apollo Program）的登月計畫。不過，這個計畫僅是說要去月亮，至於如何去、什麼時候去，並無明確註明。當時還有人拿這個專案的名字來取笑太空總署，因為「阿波羅」是希臘神話中太陽神的名字，將一個去月亮的計畫命名為「太陽神」，實在有欠考慮。

現在甘迺迪總既然已做出明確的登月指示，加上國會的同意，太空總署除了立刻動員署內所有的工程師與科學家之外，同時也開始大量招募工程與科學人才，一

1 美國太空總署於一九五九年四月由數千位參選的軍事飛行員中選出了美國第一批的七位太空人，參加水星計畫（Mercury Project）。

2 太空次軌道（Sub-Orbital），已進入太空，但未能繞地球一周。

時美國大學內選修這方面的學生大增，大家都想在這個登月的計畫中獻出自己的一份力量。

在籌備登月行動的時候，最棘手的問題就是「要怎麼去」。甘迺迪總統給的目標是「登陸月球及安全返航」，但如何去與如何回來，必須要太空總署自己決定。

這可不是一個容易解決的問題。

早期的太空船由火箭發射升空時，為了節省重量，都沒有攜帶返航時的著陸裝置，只是用降落傘將太空船送回地面。因此為了讓太空船能在月球著陸，再由月球表面升空返回地球，就必須重新設計太空載具。

經過許多專家的研討，太空總署得到以下四個各有利弊的方案，決策者必須選出一個方案來執行。

1直接發射方案：太空船由地球發射時，就攜帶「在月球著陸所需的減速火箭」及「回程的火箭」。抵達月球後，利用減速火箭緩緩降落在月球表面，任務結束後，啟動回程火箭啟動，由月球返航。這個方案最大的困難就是「重量」，根據估計，在月球降落的減速火箭重達十一萬三千磅（超過五萬公斤），返航火箭加燃料的重量是五萬磅（兩萬三千公斤），兩者加起來的重量高達十六萬三千磅（七萬四千公斤）。而當時美國還在設計中的農神五號（Saturn V）[3]火箭在最大的推力下，也只能將十萬七千磅（四萬八千六百公斤）的重量送到月球。

2地球軌道集合方案：這個構想是為了解決上述方案的重量問題而衍生的方案。科學家建議，與其用一個極大推力的火箭，將所有需要的東西一次發射升空，不妨改成用多個火箭，分批將在月球降落時的減速火箭、燃料及返航火箭發射升空，把這些物品在地球軌道上整合，銜接成為一個太空船，前往月球。

3月球表面集合方案：這是利用兩個火箭，一個帶著回程火箭所需要的燃料，

3 Saturn是希臘神話中的農神，也是太陽系八大行星之一的土星。

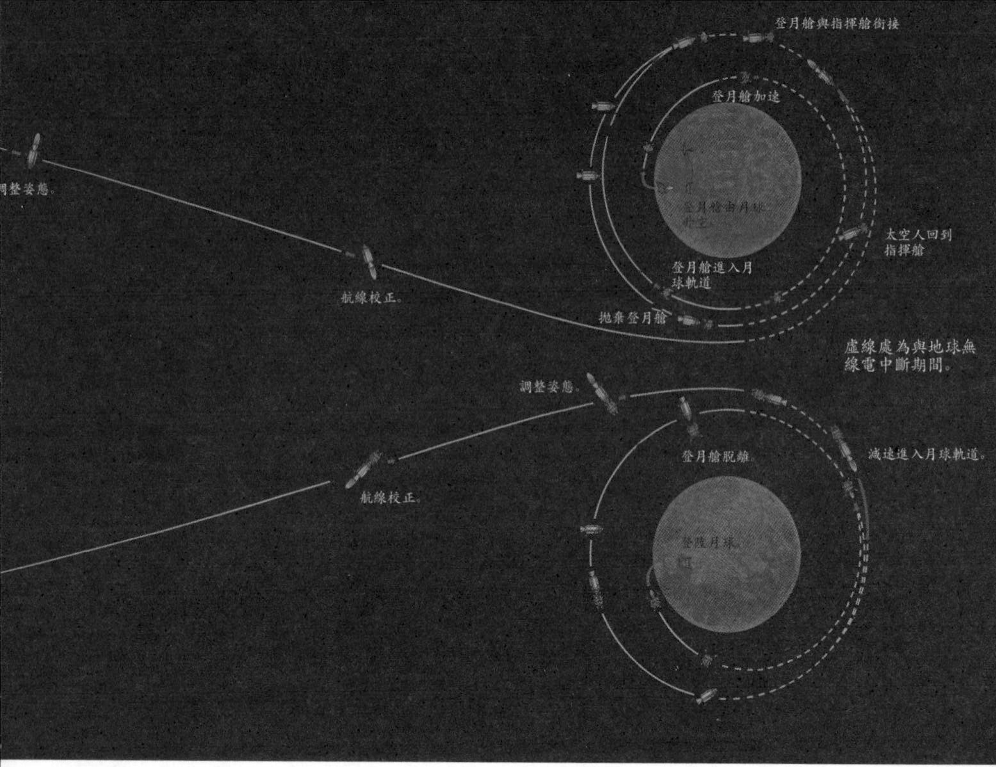

另一個帶著太空人及返航火箭，先後發射前往月球。兩個火箭分別在月亮降落後，太空人再將第一個火箭所帶的燃料加到回程火箭上。

4 月球軌道集合方案：這是個很特殊的想法，將登月任務的太空船分成指揮艙、補給艙及登月艙[4]等三個可以獨自運作的小型艙。太空船進入月球軌道後，三位太空人中間的兩人進入登月艙，將登月艙與太空船

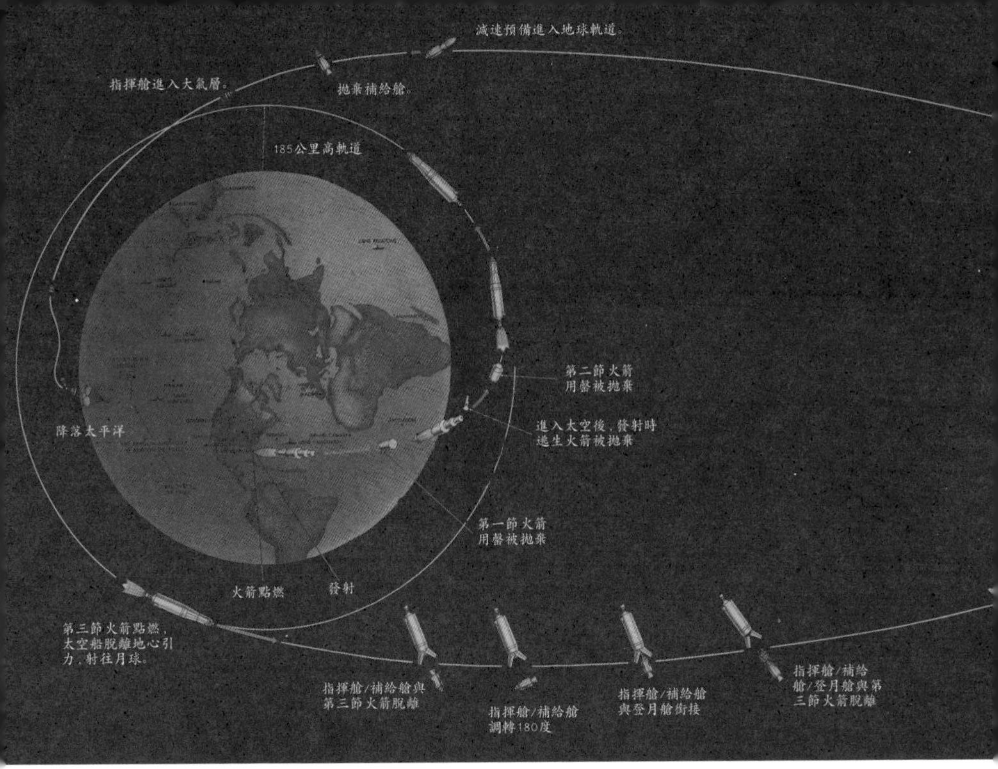

太空總署在籌備登月行動時，考量了不同的方法，最後採用「月球軌道集合方案」。

分離，駕駛登月艙降落在月球表面。另外一位太空人則留在太空船的指揮／補給艙中繼續繞飛月球。兩位登陸月球的太空人完成任務後，回到登月艙，啟動小型返航火箭，將登月艙的「升空」部分發射升空，進入月球軌道，與在月球軌道上的指揮／補給艙會合，再對著地球

4 登月艙又分為「落地」與「升空」兩個部分。

返航。登月艙的「降落」部份則留在月球表面。

剛開始討論的時候，大部分的工程師們都偏向於第一種「直接發射方案」，因為另外的三種方案都需要太空船在太空軌道上或月球表面銜接聚合，那是具有相當難度的動作，一旦發生差錯將會產生毀滅性的後果。然而，如果要再設計一種比農神五號火箭推力更強的火箭，不但經費沒有著落，時間更是大問題。阿波羅計畫裡的每個人都了解，如果要重新設計一個大推力的火箭，就絕對無法在甘迺迪總統設下的期限內完成登月任務。

這時太空總署蘭利研究中心（Langley Research Center）資深工程師郝伯特（John Houbolt）卻認為，第四個方案才是最經濟、最可行的方案。因為包括指揮艙、補給艙及登月艙在內的整個太空船總重九萬六千多磅（四萬四千公斤左右），只需要一具農神五號火箭就可勝任。至於太空軌道中的銜接聚合雖然困難，卻可以藉著訓練來克服。在郝伯特大力推薦之下，馮伯朗接受了這個概念，開始與他一起去遊說太空總署的高階主管。

經過幾番熱烈的討論，太空總署終於拍板決定採取「月球軌道集合方案」來執行登陸月球的壯舉。不過那時誰也沒想到，這個決定竟然成為阿波羅十三號[5]發生爆炸後，能安全返回地球的最主要原因！

太空接合

在太空總署成立初期，除了「阿波羅計畫」專案之外，還有一個「水星計畫」（Project Mercury）專案。「水星計畫」只有一個簡單的目的，就是「送人進太空」，至於太空人進入軌道之後該做些什麼，太空總署並沒有明確的規畫，只是由一些參與計畫的科學家們隨機列出一些項目，請太空人在太空中測試。「阿波羅計畫」則

5 阿波羅十三號意外事件詳情請參閱本書第四章。

是明確地規畫用大型太空船將三位太空人送往月球。然而這兩個專案都沒有涉及「月球軌道集合方案」裡的許多技術，那些技術僅是科學家在數學公式及繪圖板上證明可行，從來沒有實際演練過。因此太空總署決定成立另一個專案，來確認科學家的規畫確實可行。

一九六二年一月三日太空總署正式宣布成立「雙子星計畫」（Project Gemini），這個計畫的主要目的是：

- 確認人類在太空中可以長時間逗留。
- 訓練太空人在太空中進行艙外活動（亦稱太空漫步），觀察他們穿著笨重太空衣在艙外行動時的靈活度，並評估在艙外可以執行哪些工作。
- 訓練太空人操作太空船，在不同狀況下與另外一個太空載具在太空中相聚並銜接。
- 訓練太空人熟悉操作太空船重返地球、進入大氣層時的技術。

雙子星計畫明顯不同於水星計畫及阿波羅計畫。水星計畫是由一位太空人進入太空的任務，阿波羅計畫是三位太空人在一個太空船中前往探月，而雙子星計畫則是銜接兩者，讓兩位太空人在太空中為阿波羅計畫做準備的任務。

水星計畫剛開始的時候，太空總署招募了第一批七位太空人。當阿波羅計畫有了總統背書之後，立刻覺得原有的七位太空人不敷派遣，於是在宣布成立雙子星計畫後，於一九六三年及次年分別招募了九位及十四位太空人。這些新招募的二十三位太空人加上原先的七位，包辦了一九七二年之前所有的太空任務。

雙子星計畫由一九六二年展開，一九六六年結束，四年間一共飛行了十二次，除了第一、二次是無人飛行之外，其餘的十次都是載人飛行，而且每一次都有特殊的任務。雙子星三號在軌道中繞行地球三圈，僅是為測試太空船的適航性。由第四次開始就緊鑼密鼓地進行太空總署的各項實驗，雙子星四號太空人懷特（Edward H. White）執行了美國的第一次太空漫步。

五號在太空中停留了一個星期，七天當中繞行地球一百二十圈，期間太空人成功測試了為太空計畫所設計的航行電腦。六A號與七號在太空軌道中會合，最近的時候兩個太空船僅相隔一呎（三十公分），這證明了太空人可以很精確地在軌道中操縱太空船。

在所有的雙子星計畫中，最值得一提的就是雙子星八號。原因並不是因為它成功地在太空中與「愛琴那」（Agena）無人太空船會合並銜接，而是它在太空中發生了嚴重意外事件[6]，如果不是任務指揮官阿姆斯壯（Neil Armstrong）[7]果決地處置得當，美國很可能就會在那次任務中失去兩位太空人。

雙子星九號、十號、十一號及十二號等四次任務都仍是專注在太空船的銜接技巧，只是每次銜接的狀況不同。太空總署希望太空人在不同的狀況下都能順利地操縱太空船與另外一個太空載具銜接。在這些任務中，每次也都有太空人進行各種不同的艙外活動，雙子星十二號的太空人艾德林（Edwin Eugene Aldrin）[8]更在四天的任務期間，執行了三次艙外活動，測試特別為太空人所設計的各種不同工具，艙外活動的總時間高達五小時半。

運氣用完了

一九六六年底，雙子星的十二次任務均已順利完成，太空總署由這些任務中獲得了相當豐富的太空飛航經驗。太空總署的科學家、工程師及太空人們都期望能儘早將這些經驗運用到即將真正登月的阿波羅計畫。

那時阿波羅一號的太空艙已在一九六六年八月間由北美飛航公司（North

---

6 該意外事件請參閱本書的第一章。

7 阿姆斯壯於一九六九年七月廿日成為第一位登陸月球的人。

8 艾德林於一九六九年七月廿日與阿姆斯壯一同乘阿波羅11號太空船登陸月球。

American Aviation）完工出廠，交付太空總署驗收。阿波羅一號的三位太空人也正忙著為次年二月的第一次升空做準備。

阿波羅計畫共區分為五個部分，每一個部分必須完全通過所有測試之後，方可進入下一個部分。

第一部分是使用無人太空船測試農神五號火箭。第二部分是三位太空人搭乘太空船進入地球軌道，測試太空船的操控。第三部分是駕駛太空船離開地球軌道，前往月球，觀察及記錄來回航路及繞月期間的所有狀況。第四部分是測試太空船的指揮艙／補給艙與登月艙之間的銜接；在進入月球軌道後，再測試登月艙在低層月球軌道中的運作情形。第五部分就是實際登陸月球。

雖然有了完整的計畫，科學家與工程師們也由雙子星計畫中獲得了許多寶貴的資料，登陸月球似乎就是指日可待的事。然而就在這時，一場毫無預警的火警奪走了阿波羅一號三位太空人的性命。這使太空總署猛然意識到，原來太空船一直有著基本設計上的錯誤[9]，在那之前並沒有任何意外，只是幸運而已。

這場意外事件對美國的太空探索是一大打擊，不過太空總署並沒有氣餒。為了達成甘迺迪總統生前為美國設下的登月目標，更為了美國的聲譽威望，太空總署及北美飛航公司痛定思痛，很快地重新回到繪圖板，將整個太空船重新設計，大家一致同意務必要在一九六九年十二月卅一日之前達成登月的目標。

在意外發生二十一個月之後，重新設計的太空船以阿波羅七號的呼號[10]進入太空軌道。三位太空人在十天的任務期間，測試了太空船的每一個系統，證明重新設計的太空船毫無瑕疵。這讓太空總署放心的決定在兩個月之後，亦即一九六八年

9 阿波羅一號的意外事件請參閱本書第二章。

10 阿波羅計畫原本的任務代號是以AS（AS代表Apollo Saturn，阿波羅．農神）為首，加上號碼。一九六七年一月廿七日那場意外的任務代號是AS-204，該次本來是阿波羅計畫中第一個載人飛行任務（之前已發射兩個無人載具），事發後三位遇難太空人的家屬要求太空總署將那次任務的代號改為阿波羅一號。太空總署接受了這個建議，將之前兩次無載人任務的代號改為阿波羅二號及三號。所以，日後在一九六七年十一月、一九六八年一月及四月的三次無人任務，分別稱為阿波羅四、五及六號。

十二月廿一日，派遣阿波羅八號前往月球。這是有史以來人類第一次進入月球軌道，繞行月球十周後，太空船於十二月廿七日安返地球。這次成功的測試，證明了通往月球的路徑順暢無阻。

阿波羅八號成功返航後，轉眼進入了一九六九年，這是太空總署必須要對甘迺迪總統所設下的目標做出回應的一年！

當年三月三日阿波羅九號發射升空，這次並沒有前往月球，而僅是在地球軌道上測試指揮艙與登月艙的空中銜接。兩位太空人在地球軌道中進入登月艙，將登月艙與指揮艙脫離，登月艙進入另一條地球軌道，幾個小時之後，登月艙再回到指揮艙的軌道，與指揮艙會合銜接。這次任務證明了登月艙的適航性。

阿波羅九號的成功讓太空總署大為振奮，登陸月球已是指日可待。但是太空總署沒忘記兩年前阿波羅一號血的教訓。在不敢大意的前提下，太空總署不願意貿然就讓阿波羅十號登陸月球，還是按著計畫讓十號隨著八號的軌跡前往月球，在月球軌道上放下登月艙，讓登月艙下降到距月球表面五萬呎的高度，實地查看未來阿波羅十一號著路的環境。

無限可能的未來

自從甘迺迪總統設下登月目標，經過了八年又四十天之後，太空總署終於準備妥當。一九六九年七月十六日，阿波羅十一號帶著美國的希望及全人類的祝福踏上征途。火箭發射升空的時候，甘迺迪太空中心附近的海灘上聚集了一百多萬人，都想親眼目睹這次探月任務的啟程，就像多年以前那些擠在紐約羅斯福機場旁邊，看著林白駕著「聖路易精神號」起飛時的人群一樣。不同的是，當年在紐約的人們看不見林白的目的地巴黎，而在佛羅里達海邊的人們卻在日落後就可以看到阿波羅十一號的旅途終點——月球。

阿波羅十一號飛往月球的那幾天當中，幾乎全人類都在關注這件事。這時已無國界之分，因為前往月亮的是「我們」人類的代表。蘇聯當時也主動將他們在太空中的幾個太空載具的精確位置告訴美國國家太空總署，為的是不希望發生任何足以導致任務失敗的事。此種舉動在這之前不曾有過，之後也未再發生。

一九六九年七月廿日，「小鷹號登月艙」（Eagle Moon Lander）在月球表面著陸，太空人阿姆斯壯踏上月球表面的那一剎那，地球上有六億人在電視機或收音機前，同步聽到了他所說的那句流傳青史的話：「這是個人的一小步，人類的一大步。」（That's one small step for a man, one giant leap for mankind.）

這是人類歷史上非常值得驕傲的一刻。

一九五七年十月蘇聯將史波尼號人造衛星射入太空一事，喚起了美國對太空領域的重視，繼而引發兩國間的太空競賽，這場競賽經過十一年又兩百九十二天，於一九六九年七月阿姆斯壯踏上月球時落幕。這是美蘇兩國冷戰期間，武器與太空競賽中最正面的成果。

美國能在這場競賽中獲得最後的勝利，國家太空總署的表現實在可圈可點，這也證明了只要有充分的預算及適合的環境，人類是有足夠的知識與創新能力，在太空中繼續發展。

然而，太空並不是人類所熟悉的環境，因此在探索太空的路途上曾遇上不少困難，科學家與工程師們順利的解決了不少問題，但也有些失誤造成嚴重的意外。「前事不忘，後事之師。」希望在日後的太空探險中，能由之前的錯誤中得到教訓，使人類在前往銀河星系的路程更為順利。

史上第一次太空危機

雙子星8號

一九六五年十月二十五日上午十點整，一枚擎天神火箭（Atlas）由美國佛羅里達州卡拉維爾角（Cape Canaveral）發射升空。火箭的頂端裝載的是愛琴娜銜接目標器（Agena Target Vehicle），這是美國太空總署為了阿波羅登月計畫的太空銜接（Space Docking）程序，所做的第一次試驗。愛琴娜銜接目標器將在地球軌道中與稍後發射的雙子星六號（Gemini 6）太空船進行四次不同狀況下的太空銜接。

在三度空間裡，將兩個快速運行中的物體進行銜接，有著極大的風險。所以即使飛機的空中加油技術經過軍中數十年的演練，已經達到幾乎完美無缺的境界，但是民航機卻從不嘗試，就是因為如果有「萬一」的情況發生，那絕對是沒有一家航空公司可以承擔的後果。

既然連飛機的空中加油都無法保證安全，為何太空總署還要在太空中進行風險這麼大的嘗試呢？

原因是，若要將任何太空載具射入太空，都需要推力巨大的火箭，可是如果太空載具的重量或體積超過現有火箭的運送能力，就必須將那些載具分成幾個部分，分別用多個火箭送上太空，然後在太空中再將那些部分重新組合。因此太空銜接在太空探險的過程中是相當重要的一部分。

要連結的對象爆炸了

在愛琴娜發射的同時，雙子星六號的兩位太空人，席拉（Walter M. Schirra）與史達佛（Thomas P. Stafford）已經準備妥當，正在地勤人員的協助下進入太空船。史達佛在進入太空船時，看著愛琴娜升空時所留下的凝結尾，想著一百分鐘之後自己也將在擎天神火箭強大的推力下進入太空，心中不免雀躍興奮起來。因為席拉在三年前曾操控西格瑪七號（Sigma 7）太空船繞飛地球六圈，而這次卻是史達佛自己的太空探險處女航。

在擎天神火箭的推動下，愛琴娜順利升空，六分鐘之後擎天神火箭第一節燃料用罄，隨即與火箭主體脫離。第二節火箭也同時啟動，將愛琴娜送進距地球表面兩千七百公里的太空軌道。

就在這時，愛琴娜與地面的一切通訊突然中斷，太空中心的工程師們忙著了解狀況，希望重新與愛琴娜恢復連絡，此時太空中心另一個專門對太空監控的部門卻發現從愛琴娜最後位置的附近，傳回許多雷達回波。顯然，愛琴娜已經在第二節火箭啟動時爆炸成碎片。

雙子星六號的主要任務是與愛琴娜在太空中會合，然後進行銜接的演練。既然愛琴娜已經爆炸，雙子星六號也就沒有升空的必要了，於是在太空船中等待發射的兩位太空人接獲通知任務取消。席拉非常失望的由太空船中爬出，想著真是好事多磨。

雙子星 6 號的兩位太空人史達佛（左起）與席拉。

任務內容變更

愛琴娜的設計廠商急著找出爆炸原因的同時，太空總署雙子星計畫也不可能就此停擺。在沒有銜接目標器可以與雙子星太空船進行會合與銜接演練的情況下，太空總署決定將「會合」與「銜接」分成兩個部分來進行。「會合」的部分將由雙子星七號與六號先行演練，等愛琴娜的廠商找出問題癥結並加以解決，再讓雙子星八號在太空中與愛琴娜進行銜接的練習。

雙子星太空艙的剖面圖，可見兩位太空人並排而坐。

雙子星七號原本的任務是耐久測試，兩位太空人將在太空軌道中飛行兩個星期，藉以了解人類在長時間太空飛行下的反應。太空總署臨時將這個任務加以修改：兩個星期的長期太空滯留不變，但加上與雙子星六號在太空中進行會合的測試。而雙子星六號也因為任務改成與雙子星七號會合，而不是與愛琴娜會合與銜接，因此任務編號改成了雙子星六Ａ號，但是執行任務的太空人則還是原來的席拉及史達佛兩位。

點燃，就熄火

一九六五年十二月四，雙子星七號在太空人波曼（Frank Borman）及拉維爾（James Lovell）兩人的操控下升空。八天之後，十二月十二日，席拉及史達佛兩人再度穿著妥當，進入雙子星六Ａ號太空船，預備進入太空，進行他們暱稱為「太空編隊」的嘗試。

拉維爾（左起）與波曼搭檔執行雙子星 7 號任務。拉維爾在幾年後成為阿波羅 13 號意外事件的主角。波曼離開太空人生涯後成為企業家，管理美國東方航空（Eastern Airlines），且在東方航空 401 班機意外事件（參見本書作者所著之《飛航解密》一書）的當晚，就搭乘直昇機親自到墜機現場涉水救人。

然而，當天席拉及史達佛兩人升空的期望再度落空。

那天上午九點五十四分，雙子星六A號完成倒數計時，火箭順利點燃，一陣巨大的聲音由發射台傳出，橘紅色的火燄也由火箭底端衝出。一點五秒後，火箭啟動的聲音就像是洩了氣的口哨似的逐漸靜了下來，火箭底端的噴口噴出了第一道火焰，然後也像是嗆到了似的噴出一陣煙，就停止運作。

太空中心的工程師及科學家們看著眼前電腦銀幕上的顯示，再抬頭看著牆上那個巨大銀幕上顯示著泰坦火箭（Titan Rocket）在一片火焰煙霧中，依舊停在發射台上，絲毫沒有任何發射升空的跡象，因為火箭竟然在啟動了一點五秒後熄火了！

面對這個異常的狀況，大家一時呆若木雞，完全不知道下一秒會發生什麼事情。這就像火砲射擊之後的「不發彈」，砲彈停留在砲管裡並未發射出去，是相當危險的狀況，因為誰也不敢說那枚已經被擊發的砲彈何時會爆炸。只是現在太空中心面臨的狀況，是比砲彈威力大上幾萬倍的泰坦火箭，它的高度達三十三公尺，直徑三公尺，重量超過一百五十噸。

此時兩位太空人坐在泰坦火箭最尖端的太空船內，面對這突來的情況也愣住了。按照訓練時的標準程序，如果在發射期間發生任何異常狀態，太空人必須立刻啟動彈射手續，將他們的座椅由太空船中彈射出去。

但雙子星六A號的指揮官席拉很快地就決定不按照標準程序進行彈射，而繼續留在太空船內。因為他認為既然火箭沒有升空，因此算不上是在「發射期間」的異常狀態。但是在不了解全盤狀況下，他們兩個坐在火箭頂端卻是如坐針氈般的緊張。

兩個人為疏失

事後，太空總署在檢討這件事時，覺得席拉做了完全正確的決定。因為當初在設下標準程序時，並沒有考慮到火箭啟動後熄火而在發射台上沒有升空的狀況。如果席拉啟動了彈射程序，不但太空船會受到相當程度的損害，那兩具彈射座椅由純氧的環境中彈射出去時，一定是帶著火焰衝出太空船，那麼坐在上面的兩位太空人會受到什麼樣的燒傷，就很難說了。

發射現場的工程師們討論過狀況後，很快決定先將火箭內的液體燃料抽出，再進一步調查到底哪一個環節出了錯誤。

於是席拉及史達佛兩人就在太空船內等了九十分鐘。等到地勤人員將泰坦火箭內的液體燃料抽出，並將工作塔重新豎立在火箭旁邊之後，才在地勤人員的協助下跨出太空船。

至於火箭熄火的原因，太空總署當天將火箭在組裝大樓裡拆開徹底檢查時，發現第一節火箭有一個鬆脫的電力接頭，工程師由電腦記錄上發現這個接頭在火箭剛啟動時就脫落，因此判斷接頭在裝配時就沒有鎖緊，然後在火箭啟動時的震動下鬆脫，繼而導致火箭熄火。

就在工程師們根據那個脫落的電力接頭，斷定那就是促使火箭熄火的主因時，在控制室裡的科學家們卻在進一步審視電腦資料時，有了驚人的發現。他們發現電力接頭脫落之前，泰坦火箭二號機的推力已經在迅速地減低，即使那個電力接頭沒有在火箭啟動後鬆脫，火箭也會在啟動三點二秒後因二號機推力不足而熄火！

這實在是個重大的發現，為了找出二號機推力消失的原因，工程師與技工們將火箭二號機完全拆開，仔細檢查。就在這時一位技工在二號機助燃劑的管路接口處，發現一個工廠裝配時為避免外物掉進二號機的塑膠蒙蓋，於完工後忘了拆下。這個蒙蓋阻止了助燃劑進入二號機，這就是導致二號機推力消失的主因。

找出原因之後太空總署發現，這兩個完全互不相關的缺點，都是因為「人為」的因素而發生，這使太空總署及下游廠商的品管部門相當難堪。而那時各大國防產業正在推動「零缺點」計畫，於是品管部門將雙子星六A發射失敗的原因作成教材，對所有工作人員進行再教育，強調所有工作務必達到「零缺點」的境界，才能確保任務順利達成。

為了趕在雙子星七號返回地球之前完成太空會合的測試，太空總署漏夜趕工，在發射失敗後三天之內就將火箭仔細檢查並重新組裝，並於十二月十五日再度嘗試將雙子星六A號太空船發射升空。這次一切都很順利，太空船在發射六分鐘之後進入軌道，席拉及史達佛兩人終於在兩次延期之後圓了飛入太空之夢。

減速才能趕上？

兩艘太空船在太空中會合，與兩架飛機在空中會合是完全不一樣的事。其中最大的不同就是速度的控制：在天空中兩架飛機要接近時，後面的那架飛機一定要加速才能追上前面的飛機，這是基本常識，但在太空中卻完全不是這麼一回事。因為太空船在軌道中運行時，並不是像飛機一樣靠著機翼所產生的浮力在空中飛行，而是靠著太空船在高速圍著地球運轉時所產生的離心力，及地球對太空船所產生的引力，當離心力等於引力時，太空船就很平穩地在太空軌道中運行。當兩艘太空船在同一個軌道中運行時，它們的速度一定是一樣的。這時如果後面的太空船想追上前面的太空船，一般人一定認為該加速，這是小學生在學習行程問題時就了解的事。

但是在太空中加速卻會造成反效果，因為一但太空船的速度增加，離心力也一定隨之增加，當離心力大於地球引力時，太空船就會自動升高到較高的軌道。而這個新的軌道比原來的軌道要高，那麼新軌道繞行地球的圓周就要比原來軌道的圓周要大，這種情況下太空船在新的軌道上就會更落後在低軌道上的太空船。

這種情形就像運動場上兩個選手都在內圈跑步，如果在後面的選手一旦增加速度，立刻就被送入外圈，那麼那位增加速度的選手不但追不到前面的選手，反而會因為到了外圈而更落在內圈選手後面。

因此在太空軌道中如果要追上前面的另一艘太空船，在後面的太空船必須開啟「減速」火箭將速度放慢，讓自己落到較低的軌道，在那裡超越要追趕的太空船後，再加速度回到原來的軌道，這樣才能趕上前面的太空船。[1]

1 牛頓第一定律，也稱為慣性定律：動者恆動，靜者恆靜，在太空中僅有極少量的外力干擾，因此太空船幾乎是以恆速前進，如要減速時，則必須點燃反向火箭，讓反向火箭所產生的力量，來抵消前進的力量，以達到減速的效果。

當兩艘太空船已經在同一軌道上，並接近到可以清楚目視對方，這時再用很小的速度向對方接近，這時因為速度很小[2]，軌道上下變動也相對地變小，這種情況就可以進行會合與銜接。

因此，太空人在操縱太空船時，必須摒棄原來操縱飛機的觀念，重新適應太空的環境，那就是：加速反而會落後，減速會導致向前。

浩瀚無垠，成功會合

在太空中飛行的雙子星 7 號。

雙子星六Ａ號發射進入太空後，先是進入比雙子星七號低層的軌道。一個半小時之後第一次加速，使太空船逐漸上升到稍高的軌道。根據休士頓太空中心的電腦，此時雙子星六Ａ號在雙子星七號後方約七百多浬。兩個多小時之後，兩艘太空船之間的距離已經縮短至三百浬，於是雙子星六Ａ號再度加速，升到更高、但還是低於雙子星七號的軌道。

當兩艘太空船接近到兩百七十浬時，雙子星六Ａ號的太空人已經可以由雷達上看到雙子星七號。雙子星六Ａ號指揮官席拉用雷達將雙子星七號鎖住，並啟動電腦操縱模式，讓電腦控制雙子星六Ａ號太空船向雙子星七號接近。經過了兩個小時，席拉由他的小窗外望，見到前上方有一顆非常閃亮的星星，他起先以為那是天狼星，但是休士頓太空中心卻告訴他那就是雙子星七號！

2每小時十浬以下，這是指兩艘太空船之間的相對速度。

雙子星六Ａ號在電腦控制下繼續向雙子星七號接近，當兩艘太空船之間僅相距約四十公尺時，席拉已經可以很清楚看見在前方的雙子星七號，甚至可以看到坐在裡面正在向他招手的波曼。席拉將太空船的操縱權由電腦控制轉成由手動操控，他利用幾個裝設在太空船身四周的微型火箭，控制著太空船的行動，緩緩向雙子星七號接近。在此後的四個半小時內，席拉將在模擬機上所學的技巧完全用上，他不但成功地將自己的太空船飛到雙子星七號旁邊，更讓兩艘太空船在最接近的時候僅有三十公分而已！

雙子星六Ａ號也在太空中心的指示下，繞著雙子星七號轉了一整圈，將雙子星七號的外表完全檢查了一遍。完成了這些程序，也到了該休息的時候了，席拉將自己的太空船緩緩退到雙子星七號之外十九浬處，這是個對兩艘太空船來說都很安全的距離，在太空人入睡的時候絕對不會有意外相撞的風險。

雙子星六Ａ號與七號在太空軌道上成功的會合，證明了太空船在太空中的反應與科學家所預測的完全相同，這使太空總署對於人類前往月球的信心大增。因為登月計畫中太空船將會有多次的會合與銜接，這次會合成功後，下一步就是要進行太空銜接的測試了。

從會合到銜接

愛琴娜銜接目標器經過工程師的重新設計，於一九六六年年初準備妥當。於是太空總署宣布第一次的太空銜接測試將於當年三月十六日，由雙子星八號與愛琴娜在太空中執行。

雙子星八號的兩位太空人是阿姆斯壯與司考特（David Scott）。擔任本次任務指揮官的阿姆斯壯，是太空總署所錄取的第二批太空人之一，也是當時所有太空人之中唯一不是軍人身份的太空人。先前他曾任國家航空諮詢委員會（太空總署的前身，National Advisory Committee for Aeronautics，簡稱 NACA）的試飛員，是少數曾飛過 X-15 太空飛機的飛行員。

雙子星 8 號的兩位太空人阿姆斯壯（左起）與司考特。雙子星 8 號的任務堪稱是人類史上第一樁太空意外，阿姆斯壯因為自己的工程背景，順利化解危機。

阿姆斯壯並沒有一般飛行員豪邁不羈的性格，反而是相當沈穩好學的人，擁有普渡大學的航空工程學位。在愛德華空軍基地擔任試飛員的時候，又在公餘時間於南加大取得航太工程碩士學位。這種學術背景在當時的試飛員中並不常見（第一位穿越音速的試飛員葉格，僅是高中畢業），因此他在試飛過程中可以與設計飛機的工程師們用專業的言語與態度討論飛機的性能。也就是這種原因使他在試飛任何一種新飛機之前，一定要將該型飛機的所有系統完全了解清楚。他在進入太空總署擔任太空人之後，也一直用這種態度去面對完全陌生的太空船。

司考特則是西點軍校畢業後，選擇參加空軍的飛行員。他先是在冷戰期間擔任F-100戰鬥機飛行員駐紮在歐洲，繼而於一九六二年進入愛德華空軍基地擔任空軍試飛員，在一九六三年成為第三批被太空總署選中的太空人。

在這次三天的任務期間，雙子星八號將與愛琴娜嘗試四次不同狀況下的銜接。第一次銜接成功後，司考特將執行美國的第二次太空漫步。這個太空漫步任務最重要的目的，就是測試一具剛設計好的艙外活動背包，該背包中有獨立的供氧系統，以及提供給手持式太空活動操縱器的燃料瓶。藉著那具太空活動操縱器，還有一條長度七十五呎（約二十三公尺）、將他與雙子星八號扣住的纜繩，司考特可以自由的在太空中活動。[3]

司考特在太空漫步時要執行許多任務，包括先將雙子星八號頂端的一個核能輻射試驗樣品取回，然後到愛琴娜外部進行一個微型流星體的測試，最後在返回雙子星八號之前，拿出一個專為太空任務所設計的電動工具，試著將一個測試平板上的螺帽扭鬆及鎖緊。整個在艙外活動的時間大約是兩個多小時。

太空船與太空船的連結

愛琴娜銜接目標器在一九六六年三月十六日上午九點由卡拉維爾角順利發射升空。雙子星八號接著在十點四十一分也升空，並於六分鐘之後進入太空軌道。

為了追上先發射的愛琴娜，雙子星八號先是進入低層的軌道。經過三次加速，雙子星八號在雷達上看到了愛琴娜銜接目標器。這時雙子星八號在愛琴娜下方十五浬（二十七公里）的軌道上，兩艘太空船相距約一百七十九浬（三百三十公里）。

又過了一陣子，阿姆斯壯由他前面的小窗戶往外望，一個微小的光點就在他前上方不遠處出現。他知道那就是愛琴娜了。根據雷達所顯示的資料，這時兩者之間還有七十六浬（一百四十一公里）的距離。當雙方接近到只有五十五浬（一百零二公里）時，阿姆斯壯將太空船交給電腦控制。由電腦操控著雙子星八號由低層軌道逐漸升高，對著愛琴娜接近。

等到雙方接近到一百五十一呎（四十六公尺）時，阿姆斯壯解除電腦控制，自己繼續用目視及手動控操縱著太空船向愛琴娜接近。當兩者接近到五十呎（十五公尺）時，他停止前進，先圍著愛琴娜飛了一圈，確定它的外表並沒有被隕石擊傷，

3 第一次太空漫步是由懷特（Edward White）在1965年6月3日於雙子星四號任務期間完成。

然後他開始小心翼翼地操縱著裝設在太空船身四周十幾個微型火箭操縱器，對著愛琴娜的銜接口以每秒八公分的速度接近。這時在他的感覺上就像是在地面飛模擬機的情形一樣，因為太空船的反應與模擬機的反應幾乎完全相同！他真是感謝那些設計模擬機的工程師及科學家們，能將從沒有人經歷過的場面模擬地那麼逼真。

綠燈亮起，完美銜接

雙子星八號的銜接器慢慢地對著愛琴娜的銜接口接近，阿姆斯壯目不轉睛盯著儀錶板上的指示，緩緩將銜接器伸入愛琴娜的銜接口內。幾分鐘之後，一聲輕輕的「喀、隆」傳來，儀錶板上銜接成功的綠燈隨即亮起，表示雙子星八號銜接器內的鎖已伸入愛琴娜銜口內，並已鎖妥，所有電力接頭也已接上鎖緊，兩具太空船已完全結為一體。有史以來第一次兩艘太空船在軌道中的銜接，就在阿姆斯壯的小心操作下圓滿完成。

成功銜接之後，司考特先是按照太空總署的測試計畫，查看兩具太空船之間的系統是否都已互通，然後他在雙子星八號內經由接合的電力系統，啟動愛琴娜電腦中的一個程式，由愛琴娜的自動操控系統帶動兩具太空船的結合體向右轉九十度。

就在開始向右緩緩轉動的時候，阿姆斯壯及司考特兩人都感覺到太空船持續向右滾動，並沒有停止。阿姆斯壯一開始以為是向右轉的慣性導致太空船持續向右滾轉，所以他利用雙子星八號的反向火箭止住了滾轉。不過他一旦把反向火箭停止，太空船立刻又回復向右滾轉。

當時向右滾轉的速度不是很大，但阿姆斯壯覺得這種狀況不正常，他應該立刻將雙子星八號與愛琴娜分開。他怕萬一愛琴娜的機體在滾轉所產生的應力下破裂，機體內的燃料很可能會外溢後被助燃劑引爆。因此將兩艘太空船分開，是眼前的上上策。

致命的異常滾轉

阿姆斯壯將這決定告訴司考特，並表示他將先設法停止太空船的滾轉，請司考特趁著停止滾轉的時候，立刻將雙子星八號與愛琴娜分離。

阿姆斯壯啟動向左滾轉的火箭，這股力量與向右滾轉的力道中和，使兩艘太空船緩緩停止了向右的滾轉。就在完全停止滾轉的那一霎那，司考特按下脫離的按鈕，雙子星八號銜接器內的鎖頭很快的縮回艙內。當儀錶板上的綠燈轉為紅燈之際，他隨即將脫離的微型火箭啟動，雙子星八號也快速地向後退出。

阿姆斯壯原本認為與愛琴娜分開後，自己所在的雙子星八號將會停止滾轉。沒想到在分開的那一瞬間，雙子星八號再度開始向右滾轉，而且滾轉的速度比原先還要大，高達每秒轉動二九六度，幾乎是每秒鐘就自轉一圈！

阿姆斯壯由小窗外望，只見黑暗夜空中的幾顆星星不斷地在眼前轉動，儀錶板上的狀態儀也一直地像風車似的在滾轉。雖是在這乾坤翻轉的狀況下，阿姆斯壯卻是異常冷靜，他根據情況判斷，一定是雙子星八號的一個向右的微型火箭卡在「開」的位置上，持續噴發，使得雙子星八號不斷滾轉。

原先兩艘太空船銜接在一起的狀況下，是愛琴娜的巨大質量拖住了雙子星八號，使滾轉的速度沒有那麼大。因此當愛琴娜脫離之後，雙子星八號的滾轉速率立刻加快。在這種情況下，解決問題的根本之道，是將那個卡在「開」的微型火箭關掉。然而在快速的滾轉當中，他根本沒有時間去找出到底是哪一個微型火箭卡住了。

阿姆斯壯必須想出其它方法來解決這個問題。

關掉總開關

就在那電光石火的霎那，阿姆斯壯伸手將操控系統微型火箭的總開關關掉，這樣不管是那一個火箭被卡住，都會在那一瞬間被關掉。

不料在導致滾轉的火箭被關掉後，太空船卻沒有停止滾轉，牛頓的慣性定律在幾百年前就將這個情形解釋得非常清楚：除非有反向的力量加入，太空船將不會停止滾轉！

在關掉「操縱系統」微型火箭的總開關之後，阿姆斯壯隨即將「重返系統」[4]的向左滾轉的微型火箭啟動，這個反向的力量終於停止了雙子星八號的向右滾轉。

阿姆斯壯的這個動做真是神來之筆，因為操控系統的微型火箭與重返系統的微型火箭具有同樣的功能，但是卻分屬兩個不同的系統。這完全是因為阿姆斯壯對雙子星八號的系統有著深入的了解，才能在這緊要關頭做出正確的決定。

雙子星八號雖然停止了滾轉，卻引起了另一個問題。那就是根據太空總署的緊急程序，重返系統的微型火箭一經啟動，不論啟動時間多短，太空船都必須立刻重返地球。

臨時決定新的下降地點

雙子星八號原先的計畫是在太空中停留四天，任務完畢後重返地球的下降地點是在大西洋，海軍早有接應艦隊在下降地點附近待命。而發生意外的時候，雙子星八號僅在太空中停留了八個多小時，如果即時重返地球，將無法落在大西洋的原先預定下降地點。

太空總署很快的算出當時最近的一個備降地點，就是位在太平洋中琉球東南方約四百三十浬處的某一點。如果選擇在那裡下降，雙子星八號必須在軌道中再多繞一圈。雙子星八號指揮官阿姆斯壯覺得太空船本身並沒有任何立即的危險，多繞一圈並無大礙，於是同意在該點下降。5

當時美國海軍在太平洋備降點附近海域，具有回收太空船能力的船隻是驅逐艦

---

4 重返系統（Reentry System），是操縱太空船重返地球大氣層的系統。

5 雙子星八號繞行地球一圈需時89分鐘，而地球本身也在以每小時15度的速度在自轉，所以雙子星八號繞行地球一圈後，並不會回到地球的同一地點，而是在原點以西約22.5經度的地方。

梅森號（USS Leonard F. Mason）6。這艘軍艦雖說是在「附近」，其實也在一百多浬之外，要五個多小時才能趕到。美國海軍接到太空總署的請求，立即下令該艦「火速」前往太空船預定下降地點。

一個多小時之後，雙子星八號在中國大陸上空啟動重返系統的減速火箭，讓太空船開始離開軌道下降。

眼看梅森號軍艦無法在太空船落海之前趕抵現場，美國空軍於是由琉球的嘉手納空軍基地派出一架 C-54，帶著搶救人員先行前往太空船預定下降地點。

雙子星八號進入大氣層，下降到一萬呎左右高度時，在太空船頂部的三個巨大的降落傘自動打開，紅白相間的傘蓋成了很明顯的指標。C-54 的飛行員很容易就看到了下降中的太空船，在雙子星八號落海的時候，飛機正好飛到它的上方。

三位訓練有素的海上救難隊成員由 C-54 上跳傘而下，落到雙子星八號太空船附近。他們先將飛機上投下的膠皮浮囊充氣，再扣掛在太空船四周，避免太空船下沉，然後才將太空船的艙門打開。坐在裡面的兩位太空人經歷了有史以來第一次的太空危機，終於安全地回到地球。

阿姆斯壯回到休士頓太空中心，對著一群科學家及工程師們做任務歸詢時，以非常專業的口吻將當時的狀況及他的判斷和反應仔細解說。即使面對一些科學家所提出的尖銳問題，他也不急不徐的以他對系統的了解及飛行的經驗來回答，使得所有在場的人都認為他在這次事件中的反應及處置是「無懈可擊」。

司考特也在任務歸詢時說：「他（阿姆斯壯）真是很厲害，也非常了解雙子星八號的系統。在如此極端緊急的情況下，他能很快地想到解決問題的方法，是整個事件化險為夷的主因。那天我能與他一起飛行是我的運氣。」

事後雙子星八號太空船被運回美國原廠，工程師們仔細檢查了操控系統的每一個微型火箭，卻無法找到任何故障的痕跡及原因。不過根據故障時太空人與太空中

6美國海軍於1978年以軍售方式將該艦售予我國，我國海軍將其命名為「綏陽艦」。

心之間的全部對話，及由太空船遙傳回來各個系統的資料，工程師們判斷這個事故最可能的原因是操縱系統中某處聚集的靜電，突然經由一具向右的微型火箭處放電，啟動了那具微型火箭。為此工程師們也將微型火箭操控系統的電路做了全面的修改，以避免同樣的事再度發生。

雖然沒能找出故障的真正原因，阿姆斯壯在這事件中的冷靜及快速反應給太空總署的高層留下了深刻印象。或許，後來決定由他擔任人類首次登陸月球任務的指揮官，使他成為第一位踏足月球表面的人，與這次事件有著相當大的關係。

純氧烈火

阿波羅1號

自從甘迺迪總統於一九六一年為美國設下前往月球的願景，美國社會上頓時引起了一陣「太空熱」。然而，一般人對於新鮮事物喜愛的持久性向來不長，不久社會大眾對於太空探險的熱衷程度就大不如前。

一九六六年九月份國家廣播公司（NBC, National Broadcasting Company）推出以太空為背景的科幻電視劇「星際爭霸戰」（Star Trek）系列時，收視率竟然出奇的低，廣告收入也不如預期，導致國家廣播公司一度考慮停播。如果不是一群死忠的影迷展開了一場前所未有的爭取運動，美國國家廣播公司很可能在第二季播完，就腰斬整個影集系列。

除了民眾對太空探索已失去興趣，航太總署也因經費逐年縮減，對是否能實現甘迺迪總統「在一九七〇年之前登陸月球」的承諾，不再有把握。繼任的詹森總統聽了航太總署的報告之後，重新審視整個登月計畫，覺得在當時的全球政治情況下，他必須開始考量「如果蘇聯搶先登陸月球」的可能性，以及假如這個事件成真，他該如何在美國失去面子的同時，將實質的損失減到最小。

於是美國開始在聯合國推動〈外太空條約〉（Outer Space Treaty）。條約中限定各國應將太空探索限於和平用途，並強調太空屬於全人類，沒有國家得將任何太空星體據為己有。這個條約在一九六六年十二月十九日在聯合國大會中為所有與會國通過。

既然這個條約是由美國所推動，因此條約的簽字儀式安排在一九六七年一月二十七日上午於白宮舉行，簽字的國家有英國、前蘇聯及美國等。而蘇聯同意〈外太空條約〉的主要原因，是他們當時也沒太大的信心能搶在美國之前登月。

準確預言登月計畫

有趣的是，條約簽字的前一天晚上，國家廣播公司推出的那一集「星際爭霸戰」名稱是「明天是昨天」（Tomorrow is Yesterday），劇情敘述企業號太空船因為誤入時光隧道，由未來回到一九六〇年代，太空船上的人聽到了地面電台的新聞廣播，

阿波羅 1 號計畫的三位太空人，左起是指揮官格里森、懷特、查菲。

提到美國的三位太空人正在進行登陸月球的預習。

而事實上，就在那幾天，阿波羅一號（Apollo 1）的任務指揮官空軍中校格里森（Virgil Ivan "Gus" Grissom）、太空艙首席飛行員空軍中校懷特（Edward Higgins White II）及太空艙飛行員海軍少校查菲（Roger B. Chaffee）等三人，的確是在佛羅里達的甘迺迪太空中心進行阿波羅一號發射前的測試與預習。

格里森是一九五九年美國選出的第一批七位太空人之一[1]（當時稱呼他們Mercury Seven），他曾參與水星計畫當中自由鐘七號（Liberty Bell 7）的飛行任務，那是美國史上第二次的載人太空飛行；以及雙子星三號等兩次太空任務。美國進入阿波羅計畫之後，阿波羅一號的任務將是他第三次進入太空。

懷特則是美國空軍的試飛員，於一九六二年獲選為美國第二批九位太空人之一。他曾於一九六五年隨雙子星四號進入太空，並在那次任務中成為第一位執行太空漫步的美國人。阿波羅一號任務將是他第二次進入太空。相對於格里森與懷特兩人，查菲則是資淺的太空人，他是聯邦太空總署於一九六三年所甄選出第三批十四位太空人中的一位，從未進入過太空。

修改太多，訓練不及

阿波羅一號太空艙在前一個月底（一九六六年十二月）才剛通過最後的測試，安裝在農神五號火箭（Saturn V Rocket）的頂端。雖然太空艙通過了所有的測試，但是三位太空人對「它」並不是很信任，因為自從當年八月聯邦太空總署的工程師簽收這個太空艙之後，在進行各項測試時陸續發現許多缺點。光是為了改正這些缺點，太空艙的製造商北美飛航公司（North American Aviation Company）就發出了

1 美國第一批七位太空人在當時被稱為「水星7人組」（Mercury Seven）或「首批7人組」（Original Seven）。第二批九位太空人則稱為「新9人組」（the New Nine）或「二選9人組」（the Next Nine）

六百多項工程修改命令，而這些工程修改命令並不只是要將太空艙進行修改，連訓練太空人的模擬機也要進行修改。但是因為人力有限，經常在太空艙修改了幾個星期之後，還無法派出技術人員去修改模擬機。使得在模擬機中受訓的太空人，往往於進入太空艙時發現，他們所面對的環境竟與受訓時的模擬機環境有著相當程度的差異，因而感到相當沮喪。

除了模擬機與太空艙經常無法同步，模擬機也常故障，使得許多訓練無法順利進行。於是任務指揮官格里森有一次把一顆檸檬帶進位在佛羅里達的甘迺迪太空中心，將它掛在模擬機的外面。[2]

太空人對阿波羅一號太空艙不信任的傳言，很快就讓媒體知道了，紐約時報的記者為此特別在一九六六年十二月訪問了任務指揮官格里森，問他會不會擔心太空艙因為眾多潛在的故障而造成無法預期的災難。

當時格里森是這樣回答：「這種事你不能去想。其實，任何一趟飛行都有可能發生致命的故障，可能發生在你第一次飛行，也可能發生在你最後一次飛行。因此，只要你是帶著一組訓練有素的人員，盡可能準備好面對所有可能發生的事情，就沒有什麼好擔心了。」

雖然格里森說只要準備周全就沒什麼好擔心。但是沒有人知道在一九六七年一月二十七日那天，當他帶著另外兩位組員進入阿波羅一號太空艙進行測試時，他是否擔心可能會發生災難性的故障。

異常氣味

那天組員要進行的是發射程序的預習。這個測試是要三位太空人在太空艙內，預習發射前倒數計時的程序，位在佛羅里達的甘迺迪太空中心（火箭發射地點）與

2 美國稱經常發生故障的車子為「檸檬」，在此代表該模擬機也是經常發生故障。

休士頓任務指揮中心全程參與測試。在測試過程中，太空艙與外界之間一切的電力、液壓、氣壓、氧氣等所有接頭都全數拔掉，只使用太空艙本身的資源來進行這項測試，因此也被稱為「拔管測試」（Plug-Out Test）。

阿波羅一號的太空艙位在高達三百六十三呎（超過一百一十公尺）的農神五號火箭頂端，顯得非常的渺小。當天下午一點，三位戴著頭盔、穿著全套太空裝並各自提著一個手提冷氣機的太空人在地勤人員陪同下[3]，搭車抵達甘迺迪太空中心的第

美國太空總署曾發布這張照片，三位阿波羅 1 號的太空人在一起虔誠祈禱。可惜仍然難逃火劫厄運。

三十四號發射台，再搭電梯前往發射台的頂端。

佛羅里達有溫暖的冬季氣候，然而在高度超過三百呎發射台的頂端，風颳在身上還是會讓人有些涼颼颼的感覺。一位地勤人員打開了電梯門，立刻快步走過空橋，進入太空艙外面的「白屋」——那是空橋與太空艙接觸的部分，經過擴大，用夾板將四周包起來，這樣在裡面就可以放一些測試儀器。說它是白屋的原因，除了它真是白色之外，也因為在裡面的工作人員都穿著白色工作服。

平時白屋的地板上有許多連接到太空艙的管線，那天為了測試的關係，已經將所有的管線拔掉收好。因此整個環境顯得非常清爽。三位太空人進入白屋後，先將手提冷氣機的接頭由太空衣上拔掉，然後在工作人員的協助下進入太空艙，並將太

3 太空衣是密不透風的，可以將外界極端溫度與太空人隔離，但是太空人本身體溫所產生的熱量，也無法散到太空衣外面，為了讓太空衣內部保持在舒適的溫度，太空人在地面時就必須隨身帶著一個手提冷氣機，不斷地將冷空氣灌入太空衣內。

空艙內部的空調與氧氣接頭接到太空衣上。

正當技師們將太空艙裡的氧氣管接到格里森的太空裝時，格里森立刻聞到一股牛奶發酵的酸味。這是不正常的現象，於是技工們立刻將氧氣管拔掉，開始尋找問題的癥結，如此一來倒數計時的程序就必須暫停。技師先將有異味的氧氣取樣收存，然後再開始一段一段的拆開氧氣管檢視。經過八十分鐘的探索，並沒有找到問題出在哪裡，而發酵酸味這時又憑空消失，於是格里森通知任務指揮中心，表示可以恢復倒數計時，繼續進行測試程序，那時是下午二點四十二分。

艙門難開

恢復倒數計時三分鐘之後，三位太空人已在太空艙中坐妥。太空衣上所有的通訊、氧氣及空調管路也已接上，於是技工們展開關閉艙門的程序。太空艙的入口一共有三道門，最裡面的一道門只是一塊活動的艙蓋，由太空人從太空艙裡面推到艙口，再用彈簧壓桿固定在艙口，開啟時是向內拉開。第二道門是用鉸鏈固定在太空艙上，門關上後由太空人從內部將門鎖上，開啟時是向外打開，這道門的外層也是太空艙在返回地球大氣層時防熱層的一部分。

而最外層的門也是向外開啟，由地勤人員在太空艙外面關上並鎖妥。這道門是太空艙在發射時「保護外殼」的一部分，當太空艙離開大氣層，進入太空軌道之前，這個保護外殼就會隨著太空艙頂端的逃生火箭一併拋棄。[4]

將艙門設計成這麼複雜，與格里森本人有著相當大的關係。因為在六年前（一九六一年七月二十一日）美國第二次嘗試載人太空飛行時，格里森所操控的「自由鐘七號」[5]太空艙返回地球落在大西洋後，艙門於無預警的情況下自行開啟，導

4 位於太空艙頂端的小型火箭，在發射過程中如果發生意外，太空人可以將這逃生火箭啟動，將太空艙由農神五號火箭頂端快速脫離。

5 「自由鐘七號」太空艙在沈入大海三十餘年後，於1999年7月20日被撈起。

致海水灌入艙內，使太空艙沈入海中。為了不讓這種意外再次重演，聯邦太空總署將這次失敗的教訓，反映到後續的艙門設計。

艙門關妥之後，太空人按照正常程序將氧氣閥開啟，讓純氧進入太空艙，將太空艙內部的環境變成純氧的環境，並繼續加壓讓艙內的壓力達到比外界要高的16.7PSI（每平方吋的壓力為16.7磅）。6

太空艙加壓的同時，太空人開始測試無線電的通話功能。就在這時，格里森發現他的麥克風無法關掉，一直處在「開」的狀態，這使太空艙裡的所有聲音都由這個麥克風傳到外界，但是格里森卻聽不到外界任何聲音，為了這個問題，測試的倒數計時再度停頓。

太麻煩了先不處理

技師在太空艙外找不出任何故障的地方，研判一定是太空艙內部的問題。如果要修理的話，勢必要開啟艙門，那麼整個測試又將耽誤很長一段時間。測試執行官蕭文（Clarence Chauvin）在六點二十分時決定暫時不處理此一故障，待測試結束後再進行維修，他同時宣布測試將在十分鐘後重新開始。

雖然測試執行官決定要繼續進行測試，但是通訊的問題似乎越來越糟，不只是格里森的麥克風無法關掉，其他兩位組員的無線電中也是充滿靜電似的雜音，太空艙與任務控制室及發射台之間的通話根本無法聽清楚。

格里森對這個狀況非常不滿，他說：「如果我們跟外面幾個建築物之間的通話都有問題，還想去月亮？」

回答他的依舊只是雜音，坐在他右側的懷特對他說：「他們根本沒聽到你在說

6 在正常情況下，海平面的大氣壓力是14.7PSI。因為太空中是真空，沒有空氣壓力，而艙內為了要讓太空人正常的生活，就必須加壓，因此艙內的壓力就大於艙外的壓力。太空總署為了模擬太空的情況，決定在測試時將艙內的壓力增加到大於外界的壓力。

什麼。」

「天哪！」格里森歎了一口氣，把剛才那句話又重說了一遍。

全都燒起來了！

就在那時，遠在一千六百多公里之外，休士頓太空中心的一位電機工程師強森（Gary Johnson）正在監控這個測試，他發現太空艙裡有一個電力匯流排上的電流量突然大幅增加，他正想看仔細一點，去研判出了什麼問題時，他的耳機中就傳出了一聲高頻的尖叫，接著就是一連串聽不清楚的雜音，不過他依稀可以聽出似乎有人在喊「著火了！」

強森先是不敢相信他所聽到的訊息，於是轉身問他旁邊的另一位導航部門的工程師：「你聽到了嗎？」但是他隨即了解這是緊急情況，於是他大聲呼叫在場所有的工程師及測試監控人員：「太空艙著火了！」

其實，強森所看到的電流大幅增加，是太空艙內的一處電線發生短路現象。而短路所引起的火花，在純氧的環境下立刻開始燃燒，在第一聲尖叫「著火了！」幾秒鐘之後，無線電的雜音中似乎可以聽見懷特喊出：「哎呀，太空艙裡起火了！讓我們趕快出去，這裏燒起來了！」接著是查菲大喊著說：「火勢很大，全都燒起來了，趕快出去……」

在甘迺迪太空中心任務控制室裡的蕭文此時也了解太空艙裡出了大事，他對著對講機大聲的說：「喂，組員們，你們可以出來嗎？發射台領班，趕快去幫他們，格里森，聽得到我嗎？領班，請確認狀況！」

在發射台底端掩體內有一個閉路電視，顯示著太空艙裡的狀況，掩體內的技師們驚恐地看著大火席捲整個太空艙內部，同時懷特依舊在太空艙內奮力嘗試打開內層艙蓋。技師們眼睛看著那恐怖的情況，腦子卻全然無法接受這個事實。直到有人大聲叫出：「太空艙著火了！」這才將眾人拉回現實，大家開始衝向電梯，希望能趕到發射塔的頂端去營救三位被困在太空艙內的太空人。

在太空艙外部，白屋裡的幾位技師已經開始動手打開太空艙最外層的門，然而他們還來不及將門鎖解開，太空艙的外殼就發出了「啵」一聲後炸裂，內部的火焰及濃煙由破裂處衝出。這突來的狀況讓那群在太空艙旁邊的技師嚇了一跳，不自覺的後退了幾步。整個白屋內此時已充滿濃煙及一氧化碳，技師們不得不退到白屋外面的天橋上，然後七手八腳從工具箱裡撈出一些防毒面具似的面罩，但這種面罩在高熱及濃煙的情況下根本沒用。幾位技師決定用接力的方式，每人先深深吸進一口氣，然後輪流憋著氣進入白屋內，在濃煙中摸索著去將艙門打開。

而任務控制室裡的工程師們這時意識到，現場的人員正面臨著更大的風險：如果太空艙內竄出的火苗，將太空艙頂端的逃生火箭引燃的話，火箭所噴出的火焰會使整個發射台燒起來，那麼那具高達三百多呎的農神五號火箭，立刻會變成一個極度可怕、巨大無比的超級燃燒彈。

就在測試執行官蕭文考慮著是否要下令撤離發射台上所有人員時，冒著濃煙及高熱，憋氣進入白屋試著去打開太空艙艙門的技師們，竟成功地將艙門解鎖打開。

外界的空氣瞬間進入燃燒中的太空艙，立刻將艙內的氧氣濃度沖淡，火勢頓時受到壓制而降低許多，僅剩下艙內一些易燃的物品還在繼續燃燒。這時救火隊員也已趕到，很快地將艙內的剩餘火焰撲滅。

一位北美公司的技師探身進入太空艙，一開始根本看不到太空人在哪裡。他很快就回神過來：他尋找的是他熟悉的、穿著白色太空衣的太空人，而在他眼前的是已經被烈焰濃煙燻黑、燒毀的太空艙內部。在那殘破的儀錶板及座椅間，有三具依稀可以辨認出來的屍體。

國家級錯誤

這個惡耗很快就被電視台及廣播公司以新聞快報的方式傳出去。專程前去華盛頓參與〈外太空條約〉簽字儀式的阿姆斯壯、拉維爾及瑟南（Eugene Cernan）三位太空人也在下榻的旅館得到消息。雖然在他們飛行生涯中多次遭遇到同僚因飛機失事而喪生的事件，但這是美國在探索太空的路上，第一次遇到如此重大的挫折。他們聚在旅館的房間裡，喝著一瓶又一瓶的威士忌，企圖麻醉自己悲傷的心情，談論著日後阿波羅計畫的可能走向，當然也談到了死亡。

他們心裡也都曾想過，在太空任務中可能遭遇的困境，例如太空艙在太空中無預警洩壓、登月小艇在月球上無法啟動返航火箭等等。任何這樣的故障都會導致死亡。只是誰也沒有想到，悲劇竟然會發生在地面預演時！

太空艙著火導致三位太空人罹難的消息，成為全美所有報紙的頭條新聞。人們在震驚之餘除了為太空人的殉難感到惋惜，也對整個事件的緣由感到憤怒。因為「純氧環境易燃」算是普通常識，太空總署怎麼會犯下如此愚蠢的錯誤？

在美國航空界如果有任何意外發生，通常是由獨立的國家交通安全委員會（NTSB, National Transportation Safety Board）來進行失事調查。這些調查人員都是航空界的專家，但與飛機製造商或航空公司沒有任何利益關係，這樣在調查時才不受外界的任何影響，從而找出失事的真正原因。然而，在當時「太空」是一個全新領域，這方面所有的專家幾乎全在太空總署或是體制內的承包商任職，因此很難找到一群與太空總署沒有利益衝突、同時了解太空航行的專家來調查這次重大的意外事件。

當時太空總署的負責人魏伯（James Webb）為了太空計畫的前途，他顧不得有人會對他有「球員兼裁判」的疑慮，前去向詹森總統建議，由太空總署本身來調查這個慘劇。他表示太空總署絕對會以公正立場，找出意外事件的主因，並定時將調查的進度告知國會。

聽了魏伯的建議及解釋後，詹森總統批准了他的請求，將調查的重任交給太空總署。

魏伯於是邀請太空總署蘭利研究中心（Langley Research Center）主任湯普森博士（Floyd L. Thompson）擔任調查小組的召集人。小組是由七位專業人士組成，包含科學家、工程師及太空人。

短路＋火花＋純氧

調查小組第一次開會時，魏伯很誠懇並認真地告訴調查小組的成員：「我希望大家能認真找出這次意外的真正原因，不要想著替太空總署或我留面子，美國人民有權知道整個意外事件毫無掩飾的真相，你們的責任就是找出原因並告訴他們！」

調查小組成員之一的太空人波曼聽了魏伯的話後，在他的日記中寫下：「……其實他所說的，就是我的想法，但由他的嘴中說出來，則更堅定了我的信念。」

調查小組所做的第一件事，就是將這個「拔管測試」的經過，由當天下午一點鐘三位太空人進入太空艙開始，一直到醫療人員宣布三位太空人在火災中全數當場罹難為止，這期間所有發生的事項按照時序先後記錄下來。然後對這些事項，進行深入探索，來判斷哪些事與著火有關。

他們很快就發現，格里森抱怨氧氣中有酸奶味、麥克風無法關掉、無線電中大量雜音等等問題，都與火災沒有任何關係。唯一有直接關連的就是在著火前的一瞬間，休士頓太空中心工程師強森發現的「太空艙內一個電力匯流排的電流量突然大幅增加」現象。那是很顯然的電線短路現象，而短路所引起的火花在純氧環境裡，絕對會引發猛烈火災。

在這個電力匯流排上，一共接了七個電子儀器，到底是七個之中的哪一個儀器發生短路現象，就是調查小組要查明的。

七個電子儀器分佈在太空艙的不同部位，而太空艙在經過大火焚燒後，大部分的儀器都已被焚毀到無法鑑識的程度，由那些被燒壞的儀器殘骸中去判斷到底是哪一個儀器發生短路，實在不是一件容易的事。

調查小組請了一群與三位殉難太空人熟識的人，將錄音帶上第一聲「著火了」反覆的聽了不知多少遍，想確定這句通報的話，究竟是哪位太空人說的。但因為那句話很短，說得又快，聲調也較高，所以聽了許多遍之後還是沒有人敢確定。後來經過貝爾實驗室的電腦分析，覺得是查菲的機率最大。於是調查小組就由查菲所坐的位置開始尋找，在那七個儀器中，哪幾個儀器是他可以看到的。

經過反覆的試驗與推測，及調閱組裝太空艙時的相片，調查小組覺得極可能是一條位於空氣濾清器檢修門下方的電線，在經過檢修門多次開關之後，電線的外層膠皮被檢修門磨損，露出金屬銅線，導致電線短路，所產生的火花在純氧的環境下立刻開始燃燒，一發不可收拾。

艙門為什麼打不開

按照緊急程序，太空艙發生意外時，坐在艙門下方的懷特必須將內層的艙蓋打開。在發射台底端掩體內的技師們也都由閉路電視上看到，懷特伸手去拉開鎖住艙蓋的彈簧壓桿，然而他還沒能將內層艙蓋打開時，火勢就已蔓延到整個太空艙內部。

太空艙是完全密閉的空間，在燃燒情況下，內部的壓力會迅速竄升，十幾秒鐘之後已高達 29PSI。這種壓力讓懷特根本無法將內層艙蓋向內拉開。也就是這個高壓的力量將太空艙的外殼衝破，讓火焰及濃煙冒出太空艙外。

調查小組為了找出電線短路的正確地點與原因，傷透了腦筋。

根據測試時所留下的錄音帶，在查菲喊出第一聲「失火了！」之後，隔了幾秒鐘懷特也喊出：「哎呀，太空艙裡起火了！讓我們趕快出去，這裏燒起來了！」接著是查菲大喊著說：「火勢很大，全都燒起來了，趕快出去……」接下去就是無法聽清楚的言語，及不斷的悲嚎。十九秒之後，語音通話就因無線電器材被燒毀而中斷。大家可以想像三位太空人在他們生命盡頭時是經歷著何等的煉獄環境！

法醫在驗屍時判斷三位太空人在第一聲「著火了」之後的九十秒內，全數因吸入濃煙及腦缺氧而喪生，屍體上所呈現的燒傷全是在死亡之後發生。

確認了起火原因是電線短路之後，所有的人，無論是業內或圈外人士，都有著同樣的問題：為什麼太空艙內是純氧的環境？

他們說純氧很安全……

其實，阿波羅太空艙最早的設計，內部是氧氣與氮氣混合的環境，這種混合氣跟我們日常生活中所呼吸的空氣是一樣的。但後來太空總署發現設計中的太空艙越來越重，超出原來預定重量甚多。整個太空計畫的負責人吉魯斯（Robert Gilruth）非常擔心，因為每多一磅的重量，就需要十幾磅額外的推力去推動，而農神五號火箭的推力是固定的，所以將太空艙保持在預定的重量內是設計時非常重要的一環。

為了減輕太空艙的重量，太空總署有人想到了這個氧氣與氮氣的混合系統。他們覺得如果將氮氣取消，那麼所省下的不只是氮氣、氮氣罐與管路的重量，更可以將混合這兩種氣體所需要的機器也取消。

做出這個建議的人更指出，太空艙內使用單一氧氣會比氮、氧的混合氣更安全，因為萬一混合氧氣及氮氣的機器故障，無法將充分的氧氣與氮氣混合，太空人可能因缺氧而昏迷。因此單一氧氣的系統不但較輕，也更簡單、更安全。

北美飛航公司的工程師們立刻反對這個提議，他們認為將太空艙變成純氧環境，固然可減輕重量，但實在太危險了，只要一丁點火花就會造成不可收拾的後果。然而太空總署卻認為，一旦進入太空，太空艙內部的壓力只有 5PSI，在這種低壓下即使起火，太空人也能很容易在短時間內將它撲滅。再說水星計畫的太空任務中，太空艙內的環境也是純氧，也沒有發生狀況，因此純氧環境是一個可行的方案。

北美飛航公司的工程師們雖然認為「以前不曾發生，並不代表以後不會發生」，然而太空總署是客戶，客戶有權決定太空艙的最後構型，所以就沒有再為此事繼續討論。

在「減輕重量」的考慮下，太空總署於一九六二年八月二十八日正式以公文通知北美飛航公司：將太空艙的氮氧混合氣系統改為純氧系統。

四年多之後，就在一九六七年一月二十七號那天，那份公文所產生的效果終於爆發了。在太空總署的官員們目瞪口呆看著太空艙被燒毀的殘骸時，北美飛航公司原先反對純氧環境的工程師們，實在不忍心再說出：「我早告訴過你！」

真誠的改過

調查小組經過兩個多月的縝密調查，於一九六七年四月交出了阿波羅一號太空艙的失事調查報告。報告中指出，此次重大意外事件最主要的原因就是太空艙內純氧及高壓的環境。百分之百高壓純氧環境使電線短路的微小火花迅速變成明火，短時間內蔓延到整個太空艙，而火勢所造成的高溫與高壓（艙內壓力高達29PSI）讓太空人根本無法將朝內開啟的太空艙蓋打開逃生，造成此一悲慘結局。

調查小組除了指出失事原因之外，同時提出了幾項改進建議，其中最重要的一項，就是將太空艙內部在地面發射之前的環境，回復到最初的氧氣與氮氣混合的設計（百分之六十氧氣、百分之四十氮氣），並將艙內壓力保持在與外界相同（大約在14.7PSI左右）。火箭發射後的快速爬升途中，太空艙內的壓力逐漸下降，等太空艙進入太空軌道，艙內壓力下降到5 PSI時，再將艙內改成百分之百純氧供應，直至返回地球進入大氣層時。

除了以上的改進之外，太空總署還對整個阿波羅計畫做了以下幾項修改：

1. 太空衣將原來的尼龍材料改成防火性的貝塔衣料（Beta Cloth），這是一種塗有鐵氟龍的玻璃纖維，可以耐高溫同時不會被燒化。

2. 太空艙的艙門經過重新設計，緊急時可在五秒鐘之內開啟。

3. 太空艙內所有的易燃材料，全部都更換為「自熄材料（self-extinguishing material）」。

4. 太空艙內的電線都放入導管之內，以減少電線膠皮任何損壞的風險，杜絕電線短路的機會。

為了達到甘迺迪總統為美國設下的願景：在一九六零年代結束之前完成登月壯舉，太空總署在執行這些修改計畫時，將阿波羅一號的意外事件當成重要警惕，絕不輕忽任何一個細節。也就是這種精神，使太空總署在這三位太空人殉職之後的二十一個月之內，終於在一九六八年十月十一日將修改之後的阿波羅七號太空艙發射升空。並在九個月之後的一九六九年七月十九日完成登陸月球的任務！

甘迺迪總統地下有知，會對太空總署的表現感到滿意。

我已下令！結果要命……

聯盟1號

自從一九五七年蘇聯將第一顆人造衛星送進地球軌道後，美蘇之間就開始了長達十餘年的太空競賽。起初的幾年間蘇聯佔了上風，除了人造衛星搶了頭香之外，更是在美國之前將第一個太空人送入太空。灰頭土臉的美國在痛定思痛之際，甘迺迪總統為美國設下「十年內登陸月球」的願景，美國也傾全國之力開始為前進太空而做努力。

經過水星計畫（將人送至地球軌道並安返）、雙子星計畫（發展太空航行的技術，以便支援阿波羅計畫）之後，美國在一九六六年進入阿波羅計畫階段，這是個以登陸月球為目標的計畫。眼看著美國就要在兩年內達成登月的目標。

然而，一九六七年一月阿波羅一號在發射台上發生重大意外事件，導致三位太空人喪生。美國社會開始質疑有沒有必要花那麼多的錢、冒那麼大的危險去登陸月球。尤其是這次意外事件的原因，竟是因為犯下了連中學生都知道純氧環境不能有任何火花的錯誤，這使美國的太空計畫頓時陷入難以繼續前進的困境。

複雜的大宣傳劇本

美國的這場意外，讓在這場太空競賽裡原本似乎落後的蘇聯有了迎頭趕上的機會。雖然那時蘇聯已有兩年沒有送人進入太空，但為了登月而設計的太空船聯盟一號（Soyuz 1）已在最後測試階段。而一九六七年正是蘇俄十月革命五十週年，因此執政當局決定在當年五月一日勞工節之前，把聯盟一號送入太空，這樣除了可擴大慶祝革命成功五十週年，更可在美蘇太空競賽中再度登上領先的位置。

聯盟一號太空船是蘇聯太空計畫負責人柯羅涅夫（Sergei Korolev）為探月計畫所設計的太空船，但設計尚未完成，柯羅涅夫就在一九六六年初因癌症開刀失敗而過世。接替他職位的米申（Vasily Mishin）急著想在政府高層面前建立自己的信譽，因此當他接到命令要在當年五月一日之前發射聯盟一號時，立刻一口答應。

然而，事情的進展卻不如想像中的順利，一九六六年底及一九六七年初，米申下令進行了兩次無人搭乘的聯盟一號太空船試射，兩次都以失敗收場。然而米申在執政當局面前卻表示，太空計畫當局已找出導致這兩次失敗的故障癥結，然後加以改進。他仍然表示會在勞工節之前，可以如期將載人的太空船送入太空軌道。

其實，米申所接下的任務並不是「將一個載人太空船送入太空軌道」這麼簡單而已。該計畫還要求，在聯盟一號太空船送入軌道的第二天，發射另一艘搭載三位太空人的聯盟二號升空，然後在太空軌道中與聯盟一號進行蘇聯的第一次太空銜接。

按照劇本，銜接完成後，聯盟二號中有兩位太空人將由二號太空船中出來，藉著太空漫步轉換到聯盟一號太空船上，再跟著聯盟一號返回地球。

其實這兩艘太空船在太空中結合之後，太空人大可以藉著結合處的孔道，從聯盟二號進入聯盟一號。但蘇聯執政當局為了國際宣傳，不但要他們太空漫步，更要在指定時間來進行，而那個時間是經過計算，光度最好的時候，這樣就可以留下美好的相片及錄影。

結果，這幾項計畫，除了順利將聯盟一號送入太空算是成功之外，其餘的都因聯盟一號在太空中發生嚴重故障而被迫取消。甚至後來聯盟一號在返回地球時，更因減速降落傘故障，導致太空船高速撞擊地面焚毀，太空人科馬羅夫（Vladimir Komarov）被燒到不成人形，不幸罹難。

外行領導

五十多年後的今天，藉由許多解密的檔案可以看出，聯盟一號太空船的失事，其實是有徵兆的。

柯羅涅夫突然逝世後，米申雖然登上蘇聯太空計畫負責人及總工程師的寶座，但米申對聯盟號太空船其實並不甚了解，處理技術問題時經常顯得有些舉棋不定。而且他與太空人團隊負責人柯馬林將軍（Nikolai Petrovich Kamanin）之間的關係也不是很好，兩人經常會為了一些理念上的觀點而爭執到水火不容之地步，例如米申希望在太空人團隊中能有多一些具有科學及工程背景的平民參與，而柯馬林將軍卻堅持太空人都必須是軍中飛行人員。另外在太空船的操作方面，兩人也有許多不同的觀點，米申希望兩艘太空船在太空中結合時，採取電腦化控制的自動接合系統，這就讓飛行員出身的柯馬林將軍無法接受，他堅決主張兩艘太空船結合時的所有動作必須由太空人操控。[1]

有了這些理念上的歧異，兩人在開會時就無法就事論事的平心討論，而是經常爭執到面紅耳赤。這不但不能解決問題，反而浪費了許多寶貴的時間，因為聯盟一號太空船發射的時間是由執政當局根據政治理由所決定，是一個不可更改的日期。

擔任這次任務的太空人是科馬羅夫，他是蘇聯太空人當中少數擁有航空工程學位的人。在一九六四年十月曾擔任過「日出一號」（Voskhod 1）太空船的飛行指揮

1 美蘇在發展太空計畫的開端，都曾思考太空人所需具備的學術背景與飛行經驗等條件。美國從第二批九位太空人開始，更廣泛招募工程、科學背景的人員（第一批七人當中，有兩人獲選時只有高中學歷）。雖然許多太空人依舊是試飛員出身，但具有工程或科學的碩、博士學位者極為常見。

官。那次飛行是首度有三位太空人擠在一艘太空船中升空，在當時這是相當具有爭議性的作法，因為「日出一號」的原本設計只能搭載兩位太空人，但執政當局臨時決定要讓三位太空人升空。太空計畫中心只能在本來就不寬敞的空間裡，將本來的兩個座椅換成三個小一號的椅子。

這種情況下，太空船裡面的空間就容不下穿上太空衣的太空人了，因此三位太空人在發射時僅是穿著平常的飛行衣，而沒有穿上太空衣。幸好「日出一號」的航程僅是一天，三人擠在一起二十幾小時並未造成太大的困難。

執政者已下令

在「日出一號」短短一天的航程中，蘇聯發生了另一件與這趟太空探索沒有直接關係，卻改變蘇聯歷史的事件。那就是在「日出一號」成功發射之後，蘇聯共產黨總書記也是最高領導人赫魯雪夫（Nikita Khrushchev）在黑海的度假勝地克里米亞用無線電與身在太空的三位太空人通話，祝福他們有個成功的太空探險。不料僅僅過了一天，當「日出一號」太空船返回地球之際，前去迎接三位太空人的，竟是蘇聯的新領導人布里茲涅夫（Leonid Brezhnev）！原來幾乎就在赫魯雪夫與太空人通話的同時，布里茲涅夫在莫斯科發動政變，解除了赫魯雪夫一切職務。

蘇聯執政當局既已決定要在五月一日勞工節之前將聯盟一號送上太空，這就如同先前決定要讓三位太空人使用原本設計只能乘載兩人的「日出一號」太空船一樣，是個政治決定，而非專業考量，所以太空計畫中心根本沒有說「不」的餘地，只能設法完成任務。但這次太空計畫中心對此任務是否能成功，抱持著相當的疑問。因為當時聯盟一號還有太多的缺點需要修正，工程師及科學家們只希望能在有限的時間內盡量多解決一些問題，這樣在升空後才不會造成太難堪的後果。

隨著發射日期的逼近，聯盟一號仍然有許多狀況沒解決。而這次聯盟一號太空船的候補太空人，就是蘇聯國寶級太空人加加林（Yuri Gagarin，人類第一位進入太空的太空人），他認為如果在這種情況下貿然升空，可能就是一次有去無回的死亡任務。於是他與其他幾位太空人在預計發射前的一個多星期，將他們所知道聯盟一號的兩百多項缺點，聯名寫成一份詳細的報告，預備呈上給黨中央及國家執政當局。然而根據解密的資料顯示，那份報告不但沒能送出，而且參與這項報告的幾個人，除了國寶加加林之外，竟都受到不同程度的處分。

加加林也曾試著說服上級，讓他取代科馬羅夫來當聯盟一號的太空人，他希望上級在不願意看到他受到傷害的情況下，能將發射的時機延遲到那些缺點獲得改進之後，不過上級終究沒有同意他的建議。

捨棄科學，採用政治

聯盟一號太空船在一九六七年四月二十日送抵發射中心，工程師與技師隨即開始將太空船安裝到發射火箭的頂端。在此同時，與本次任務有關的作業單位，也在太空中心進行「發射前完備審查」會議，每個單位都要將所負責的系統，如電力、燃料、導航、通訊……等等作出報告，並指出該系統是否完備，可以發射。

會議中雖然有些系統的工程師表示還有些狀況，需要時間繼續改進，但與會的黨書記卻表示發射時間不能更改，所有問題必須在四月二十三日

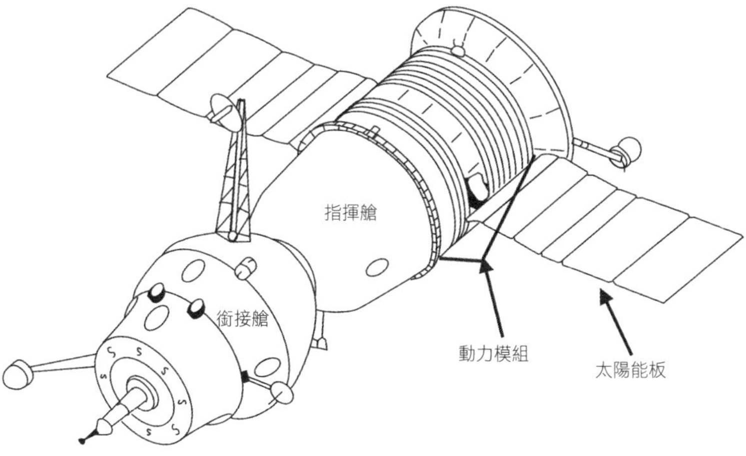

聯盟號太空船的各部位。

字。

發射前解決。這個指令很清楚的告訴大家，黨的字典裡，沒有「準備未妥」這幾個字。

「發射前完備審查」會議一直開到當天晚上十點多，最後所有系統的負責人都在會議記錄上簽名，表示所有的系統都準備妥當，可以如期發射。

四月二十一日上午，聯盟一號與火箭組合完畢，並由組裝廠移送到發射台，開始進行整合測試。這次測試開始後不久就因為一項人為的失誤而必須重來。第二次測試時，所有的系統都完美過關，這使太空計畫中心負責人米申鬆了一口氣。

第二天，聯盟一號開始測試太空船與太空任務指控中心之間的遙測功能，這個測試也是圓滿完成，這使所有參與這項專案的人的信心倍增。當天下午太空人科馬羅夫也到達發射台，問候所有在場的工作人員，並與他們合影。這是個成功的公關動作，那些工作人員向科馬羅夫保證，他絕對可以信任他們經手的所有系統。

四月二十三日凌晨三點三十五分，科馬羅夫駕駛著聯盟一號太空船於拜克努爾太空發射基地（Baikonur Cosmodrome）順利升空，並在九分鐘後進入預定軌道。就在此刻他成為了當時蘇聯唯一多次進入太空的太空人！

來不及慶祝就出事了

然而，太空指控中心監控此次發射的科學家與工程師們拍手慶祝發射成功的掌聲餘音尚未消失，科馬羅夫就通知太空中心：太空船左側的太陽能發電板未能順利伸展開來。這是個極度嚴重的問題，因為太空船的電池必須仰賴太空船左右兩側的太陽能發電板所產生的電力來充電，失去了一側太陽能板的電力後，太空船的電力系統頓時失去了一半的電力，意味著許多電力系統及必須用電力來運作的儀器都無法正常使用。科馬羅夫在太空船內不斷嘗試著利用備用系統，將左側的太陽能發電板伸展開，但那塊故障的太陽能板卻毫無動靜，他甚至在太空船內用腳對著太陽能板的位置踢了幾下，希望用震動力將太陽能板解開，但那個頑固的太陽能板就是卡在那裡，動都不動。

左側的太陽能板無法伸展，除了造成供電不足，更將星體追蹤儀（Star Tracker）[2]的觀測孔給擋住了——在無法觀星來判斷本身姿態的情況下，太空船的自動姿態控制系統就完全無法運作。太空中心的科學家們建議科馬羅夫用手動操控姿態控制系統的微型導向火箭，以便控制太空船的姿態。這個方法暫時穩住了太空船的姿態，卻也因為過度使用那些微型導向火箭，消耗了不少燃料。

為了解決聯盟一號太陽能板未能伸展開的問題，太空中心臨時賦予聯盟二號太空人一個新的任務：那兩位預備透過太空漫步前往聯盟一號的太空人，必須在太空中嘗試將聯盟一號被卡住的太陽能板解開。於是兩位太空人立刻開始在一個地面模擬艙上練習這個任務該進行的步驟。

聯盟二號本來預備在二十四日午夜左右發射，但前一天夜裡拜克努爾太空發射基地下了一場大雨，雨勢超過了火箭發射的天氣標準，太空中心不得不暫時將聯盟二號的發射取消。下一個發射的時機是當天下午。

無人能救，自行返航

此時科馬羅夫在太空中已經繞行地球十三圈，電池中的電量也降低到相當危險的程度，而且僅有的右側太陽能板所產生的電力，已無法有效的將太空船上的電池充滿。在這種情況下，勢必無法等待聯盟二號的太空人前來解救，於是太空指控中心的科學家們決定讓科馬羅夫提早返回地球。

太空船要返回地球時，進入大氣層時的角度極其重要。如果角度太淺，太空船會像打水漂一樣，擦著大氣層的邊緣被彈回太空中；角度太大，太空船則會與空氣

2星體追蹤儀是一個由天文學家所設計的光學儀器，太空船及人造衛星利用這個儀器來尋找太空中幾個已知的星體，繼而藉由那些星體的位置，來判斷太空船／人造衛星本身的位置及姿態。太空中沒有空氣，因此無法用方向舵、升降舵及副翼來改變太空船的姿態，必須利用裝在太空船周遭的微型導向火箭，來控制太空船的方向。例如：啟動太空船頂端左側的微型導向火箭，會導致太空船頂端向右偏去。

劇烈摩擦產生高熱，面臨燒毀厄運。所以太空人必須先將太空船擺成正確的姿態，然後啟動返航火箭，讓太空船根據科學家所精算出的角度進入大氣層。

以上這個返航的第一個步驟，如果有電腦協助的話，根本不會是個問題，但是聯盟一號的自動姿態控制系統卻無法運作，因為那個無法伸展的太陽能板，擋住了星體追蹤儀，所以太空船進入大氣層時的姿態與角度就必須完全由太空人手動控制。這就成了一個具有挑戰性的高難度步驟了。

太空人用手控系統操縱太空船的姿態與角度時，必須在白天時進行，藉著陽光來目視地球弧度作為操控的依據。而聯盟一號下一次在白天進入蘇聯上空的時機，是在第十七圈軌道，所以科學家就決定要科馬羅夫在第十七圈軌道時，開始進行返回地球的步驟。

根據太空中心針對聯盟一號返航所提出的修正計畫，聯盟一號上的返航火箭必須在莫斯科時間二十四日凌晨二點五十六分十二秒啟動，一百四十六秒後太空人將火箭關掉，讓太空船開始離開太空軌道；然後在三點八分將太空船的銜接艙及動力模組與指揮艙分離，由指揮艙單獨進入大氣層。如果一切順利的話，位於指揮艙頂端的引導傘會在三點二十一分展開，將降落傘由傘艙中拖出，三點三十六分時落在卡拉干達（Karaganda，哈薩克的一省）以東約一百五十公里處。

雖然科馬羅夫在地面的模擬器上練習過利用手動控制系統操縱太空船，但他從來沒有操縱過一側太陽能板未伸展出來、左右不平衡的太空船，因此他在開始操作時有些力不從心，未能把握短暫的白晝時機（聯盟一號繞行地球一週的時間是九十分鐘，因此白晝部分僅有四十五分鐘，在蘇聯本土上空的白晝時間就更短），將太空船的姿態擺正。這使得太空船無法在啟動返航火箭前將角度對準，於是他被迫放棄這次重入大氣層的嘗試。

當太空指控中心獲悉聯盟一號未能在第十七圈軌道順利啟發返航火箭之後，所有導航系統的工程師立刻著手規畫另一個返航計畫，因為聯盟一號電池所剩餘的電力僅能勉強再撐兩個軌道了。

半個多鐘頭之後，聯盟一號的後備太空人加加林將工程師們所趕出來的返航計畫通知人在太空的科馬羅夫。這一次科馬羅夫將在莫斯科時間上午五點五十七分啟動返航火箭，一百五十秒後將火箭關閉，六點七分將銜接艙及動力模組拋棄，然後在六點三十七分降落在奧倫堡（Orenburg Oblast，俄羅斯聯邦主體之一）的一塊平原上。

災難滾雪球

然而在聯盟一號進入第十九圈軌道白晝部分時，科馬羅夫仍然面對太空船左右不平衡的老問題，但這次他勉強將聯盟一號太空船擺好姿態，並且在太空船呈現適當角度時啟動了返航火箭。為了要保持太空船的角度，科馬羅夫必須持續使用微型導向火箭來調整因為左右不平衡而偏差的角度。然而先前已經過度使用那些微型導向火箭，因此火箭燃料在太空船進入大氣層前用罄，使得科馬羅夫無法繼續控制太空船角度。所幸那時已接近大氣層，太空船繼續順著慣性彈道以原來的角度前進。

聯盟一號太空船在進入大氣層前，將太空船的銜接艙及動力模組拋棄，讓指揮艙繼續以慣性彈道的角度進入大氣層。指揮艙在進入大氣層時與空氣的摩擦使指揮艙的表面達到攝氏兩千度的高溫，在這種高溫之下，指揮艙的周圍形成了一層高溫電離層，無線電的電波無法穿越這電離層，導致指揮艙與地面控制中心的通訊全面中斷。

等到聯盟一號進入大氣

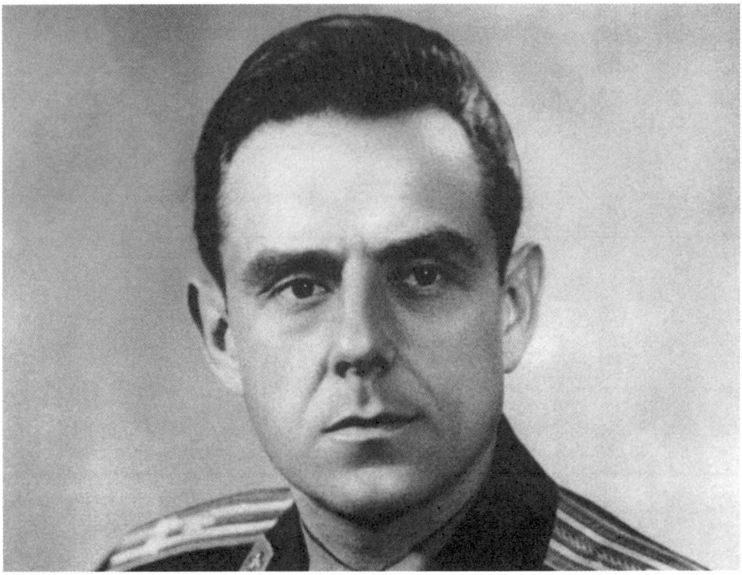

政治決策取代科學根據，導致太空人科馬羅夫不幸喪生。

層，恢復了與太空中心的通訊時，太空中心的科學家與工程師們都鬆了一口氣，因為接下來的步驟就是指揮艙用降落傘減速，然後落地。如果是這樣落幕的話，此次任務雖然因為太陽能板卡住的問題而必須提前結束，但結果仍是在可以接受的範圍之內。

沒有想到，厄運再度降臨在這個麻煩不斷的指揮艙上。先是指揮艙進入大氣層後開始劇烈滾轉，偏離了原定的下降路徑（因為微型火箭的燃料已用罄，太空人無法繼續用微型導向火箭來控制方向），然後引導傘雖然在指揮艙進入大氣層後及時打開，卻未能將主傘由傘艙中拖出。這時在指揮艙內的科馬羅夫立刻將備

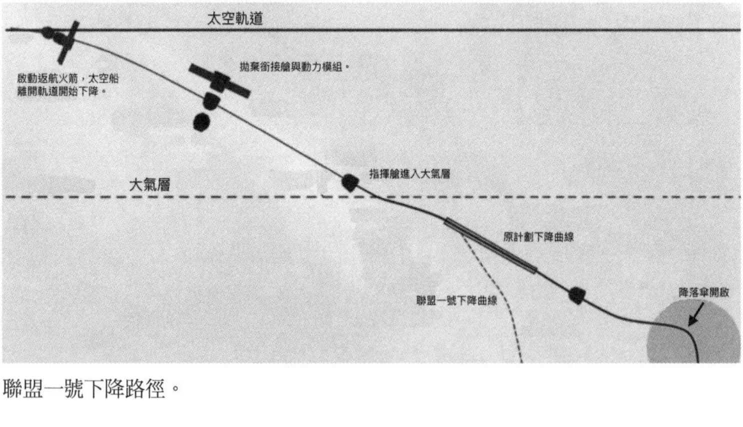

聯盟一號下降路徑。

用傘的按鈕壓下，備用傘隨即由傘艙中竄出，只不過備用傘的傘衣還沒有完全展開，就與引導傘的傘繩纏在一起，備用傘無法完全張開。

重達三噸的指揮艙，就如自由落體般對著地面快速墜落。

太空中心控制室裡的人知道聯盟一號的主傘、備用傘都沒能張開，整個控制室裡頓時一片死寂，完全聽不到任何聲音。大家心知肚明，幾分鐘之後指揮艙就會以極高的速度撞上地球表面。面對這個即將發生的悲劇，他們卻完全束手無策。

被困在指揮艙中的科馬羅夫也很清楚即將發生的慘劇。他在太空艙中最後的吶喊透過無線電傳到太空指揮中心監控人員的耳機中，與中心裡的寂靜環境形成強烈的對比。那是生與死的永恆對比。

最後，聯盟一號以每秒四十公尺的速度撞到地面，指揮艙底部預備在著陸前啟動的減速火箭，在那陣巨大的撞擊力下立刻爆炸起火。

地面接應小組的直升機並沒有在預定降落地點發現指揮艙的蹤影，可是直升機飛行員將飛機拉高之後，發現在原先預定降落地點的西方有黑煙及火焰，他立刻將飛機對著那縷黑煙飛去。

直昇機接近起火現場時，機上接應小組的人非常遺憾地發現，那就是聯盟一號的殘骸，與引導傘纏在一起的副傘非常醒目的散在殘骸旁邊。直昇機降落在火焰的上風邊約一百公尺處，接應人員拿著直升機上的手提滅火器衝到燃燒中的指揮艙旁邊，試圖將火焰滅熄，卻因為火勢太大，手提滅火器產生不了效果。情急之中救難人員甚至用鏟子鏟起地上的泥土灑在指揮艙上，想要將火勢撲滅。

科馬羅夫燒焦的殘骸。

火熄滅了之後，救難人員將燒毀的指揮艙撬開，在殘骸中發現了科馬羅夫已經燒焦的屍體。

國際大外宣變成國內大悲劇

本來預備一舉追上美國，創下太空人在太空中更換太空船創舉的聯盟一號、二號飛行計畫，竟落得太空人因指揮艙墜毀而不幸橫死的悲劇，讓蘇聯執政當局感到極其難堪與遺憾。事件發生之後官方立刻組成失事調查小組，要找出真相，並找出該要為此事負責的人。

失事調查小組第一件要查的事，就是引導傘為何沒能將主傘拖出傘艙。要找出答案不難：當初在設計時，工程師是根據主傘製造商所提供的資料計算出，需要一千五百公斤的力量才能將主傘拖出傘艙。然而，那是在正常氣壓情況時所需要的拉力。工程師沒有考慮到當指揮艙在下墜時，艙內是加壓的，而位於指揮艙頂端的主傘艙卻是暴露在高空低氣壓的環境下。當艙內的壓力直接壓擠到頂端的主傘艙，導致主傘必需要兩千八百公斤的力量才可拉出！而工程師所規畫的引導傘，卻只能提供一千八百公斤的拉力。

其實，**如果經過正常測試步驟的話，這個失誤絕對會被發現**，但是在上級緊迫時程壓力下，這個測試就被取消，而造成了致命的後果。

接著，太陽能板與動力模組都在進入大氣層時被燒毀，失事調查小組無法研判左側太陽能板未能伸展開來的原因。不過他們相信，那個未能伸展的太陽能板，其實是救了聯盟二號上三位太空人的生命！因為如果聯盟一號的太陽能板沒有發生故障的話，聯盟二號一定會在那場大雨之後升空，而聯盟二號的主傘與聯盟一號有著同樣的設計，那麼聯盟二號在返回地球時，也會發生主傘無法被引導傘拉出的憾事。

失事調查小組最後指出，太空計畫負責人米申未能對聯盟一號有著全盤的了解，是這次意外事件的主要原因。而他未能得到太空人團隊負責人柯馬林將軍的充分配合，也是這次意外事件的原因之一。

至於黨中央堅決要求在五月一日之前發射聯盟一號，壓縮整個專案的時程，則完全沒有在失事調查報告中提到。

一九六七年的前半年，美國及蘇聯的太空探索，都經過了人員死亡的意外事件。美國花了二十一個月重新設計、準備，在一九六八年十月將阿波羅七號太空船發射升空。蘇聯也在同一個月（一九六八年十月）將聯盟二號及聯盟三號發射升空，試圖嘗試蘇聯的第一次空中銜接，但仍是以失敗收場，幸好這次兩具太空船都安全返回地面。經過這一連串的失敗，蘇聯知道他們在這場太空競賽中已無法超越美國。而美國真是在阿波羅七號發射九個月之後，成功登陸月球，完成了甘迺迪總統的遺願。

最成功的失敗

阿波羅十三號

在浩瀚的太空中，一個造型奇怪的白色物體正在快速往宇宙深處飛去，在它遙遠後方的一個藍色行星就是地球，也是它出發的地點。而它的目的地——月球——並不在它的前方，而是在它右邊遙遠的天際。

這個白色的物體就是阿波羅十三號太空船，當它以接近四萬公里的時速在太空中衝刺時，月球也正緩緩以三千六百多公里的時速，在自己固定的軌道中前進。儘管兩者的速度不同，但太空總署的科學家經過精密的計算已經知道：幾天之後阿波羅十三號將會與月亮在太空中相遇，屆時阿波羅十三號將執行人類第三次的登月任務。

發射前就出狀況

阿波羅十三號幾乎可說是一開始就麻煩不斷。在出發前，人員輪替就出了狀況，讓太空總署陷入幾乎派不出人出任務的窘狀。

那是在阿波羅十三號發射前七天，後備組員中的杜克（Charles Duke）無意間接觸到一位正在出德國麻疹的人。當時僅是短暫的接觸，而他回到訓練中心後也沒有任何症狀，所以他就沒將這件事向上呈報，繼續與阿波羅十三號的正選組員及後備組員一同參加訓練。

沒想到在發射前四天，杜克德國麻疹發作。太空總署這才知道所有可以執行阿波羅十三號任務的人都已被「污染」。這實在

阿波羅 13 號的三位組員，左起海斯（登月艙飛行員）、指揮官拉維爾、指揮艙飛行員史懷格。

是個頭痛的問題，經過醫師詳細審查後，發現除了杜克之外，其餘五個人被「污染」的組員當中，有三位先前已注射過預防針，一位則曾得過德國痲疹，只有正選組員中的麥丁利（Ken Mattingly）是既沒有打過預防針，也沒得過痲疹，因此他在未來幾天中患病的風險最大。

這種情形下，太空總署考慮更換組員，而通常為了組員之間的默契，更換組員時都是整組人員一同更換，然而這次後備組員中的杜克已經發作德國痲疹，所以只能將麥丁利一人換下，將候補組員中的史懷格（Jack Swigert）頂上。

因此當阿波羅十三號發射升空時，其組員是正選與後備組員混合搭配。任務指揮官是海軍官校畢業的拉維爾，擔任過海軍戰鬥機飛行員及海軍試飛員，是第二批被選入太空總署的太空人。他也是當時太空總署所有太空人中，擁有最多太空飛行時數的太空人，參加過雙子星七號、雙子星十二號及阿波羅八號的太空飛行。登月艙的飛行員海斯（Fred Haise）是前海軍陸戰隊的戰鬥機飛行員，擔任過太空總署的試飛員。

由後備組員中選上參加這次任務的史懷格，負責擔任指揮艙飛行員的職務。他與海斯都是太空總署招募的第五批太空人，在加入太空總署之前他曾是空軍的戰鬥機飛行員，及北美飛機公司的試飛員。

發射後差點釀出災難

三位太空人總算就位，於是阿波羅十三號在一九七〇年四月十一日經由農神五號火箭，於卡拉維爾角太空中心發射升空。

農神五號火箭是由德國科學家馮伯朗所設計，他原是二次大戰德國V-2飛彈的設計師，戰後投降美軍。美國將他與一群同時被俘的德國工程師與科學家安置在阿拉巴馬州的亨斯維爾（Huntsville, Alabama），讓他們在那裡為美國陸軍研究與設計飛彈。

太空總署成立後，馮伯朗被網羅成為馬歇爾太空飛行中心（Marshall Space

Flight Center）的第一位主任，專門負責研究、發展前往太空的載人火箭。

為了完成甘迺迪總統的登月計畫，馮伯朗與他的團隊設計了農神五號火箭。這個高達一百一十點六公尺的農神五號火箭其實是由三節不同的火箭模組所組合而成，是一個具有極大推力且穩定可靠的火箭。事實上，一直到五十餘年後的今天，農神五號火箭仍是世界上推力最大的火箭。

雖然阿波羅十三號發射的時候，太空總署已有兩次成功探月的紀錄，但整體來說，「探月」這件事對人類來說仍有高度風險。阿波羅十三號在發射時，第一節火箭模組的燃燒相當順利，發射升空一百六十八秒後於燃料用罄時被拋棄，那時阿波羅十三號已經衝到二十二萬呎（六萬七千公尺）左右的高空。第一節火箭模組被拋棄後，第二節火箭模組開始燃燒，但第二節火箭模組的五個火箭中，位置居中的火箭因為燃燒不穩定，導致推力變化太大，造成整個農神火箭劇烈的震動，震波的幅度一度在瞬間高達三十四個G，遠遠超過農神火箭結構可以承受的範圍。

控制火箭的電腦感受到劇震，立即將那個燃燒不穩定的火箭關閉，而當時阿波羅十三號尚未進入距地球表面六十萬呎（十九萬公尺）高的暫時軌道，因此第二節模組中其餘四具火箭的燃燒時間必須延長四分鐘左右，才能勉強將阿波羅十三號送進暫時軌道。[1]

事後太空總署根據火箭遙傳回來的資料研判，如果電腦沒有將那具火箭關掉的話，再一次巨幅的震動絕對會將火箭脆弱的外殼及燃料箱震破，那麼火箭內的液態氧及液態氫在外洩後相遇，繼而產生反應，必然會造成災難性的後果。

月亮將前來和他們會合

阿波羅十三號在暫時軌道上繞飛地球時，三位太空人將太空船上的所有系統都檢查了一遍，並與休士頓太空中心會商後，覺得之前第二節火箭的異常震動狀況並未影響到其他系統，而決定繼續進行「射往月球（Translunar Injection）」的程序。這個程序是在科學家經過精算之後的準確時間點，啟動農神火箭第三節火箭模組唯一的J-2火箭，讓它持續燃燒三百五十秒之後關閉。這段時間內所產生的推力，可讓阿波羅十三號太空船加速到脫離地球引力的速度[2]，同時這個速度可使阿波羅十三號太空船從原來繞地球的「圓形軌道」進入「高偏心圓形軌道」，而這個高偏心圓形的軌道會和月球繞地球的軌跡重疊，太空船就將在軌跡重疊的時候，進入繞月軌道。

在第三節火箭模組的J-2火箭推動下，阿波羅十三號離開了地球軌道，展開為期三天前往月球的旅程。在這期間，太空人要做的第一件事就是將指揮艙與登月艙「銜接」在一起。

---

1 農神火箭第一節火箭模組由五具F-1火箭所組成，五具火箭排列成十字形（外圈有四個火箭，一個火箭在中間），每具火箭在海平面環境下可提供一百五十萬磅推力。第二節火箭模組係由五具J-2火箭所組成，五具火箭亦排列成十字形，每具J-2火箭在真空環境下可提供二十三萬磅推力。

2 脫離地球引力的速度，約為每秒16.6公里（時速約為六萬公里）。

為了執行登月任務，太空總署的科學家設計了三個不同的艙別（指揮艙、補給艙及登月艙）。指揮艙是圓錐形，活動空間僅有二百一十立方呎（六點九立方公尺），僅比一輛大型休旅車稍大一點而已，三位太空人在去程及回程時都必須擠在這個窄小的空間中工作與休息。補給艙則是一個沒有加壓、高約二十四點五呎（約七點五公尺），直徑約十二點八呎（約三點九公尺）的圓柱形艙，除了一具安裝在尾部的 J-2 火箭推動器之外，艙內裝的是執行登月任務所需要的補給物資，如氧氣、燃料、電瓶、散熱器等器材。在火箭發射的時候，指揮艙與補給艙是結合在一起置於農神火箭的頂端，而登月艙則是放在補給艙的下面[3]。

發射升空後，到了太空船脫離地球軌道前往月球時，太空人就得先將指揮艙／補給艙與第三節火箭脫離（此時登月艙還連結著第三節火箭，見左圖），隨即掉轉一百八十度，使指揮艙的頂端對準登月艙的頂端。這時太空人利用遙控將幾片覆蓋在登月艙銜接口外的艙板引爆，讓那幾片艙板飛脫，使登月艙暴露在太空中。太空人再將指揮艙的頂端伸入登月艙的銜接口內，與登月艙結合，並且將登月艙由第三

3 補給艙沒有加壓，艙內與艙外的壓力一致，在太空時補給艙內外的壓力都是零。

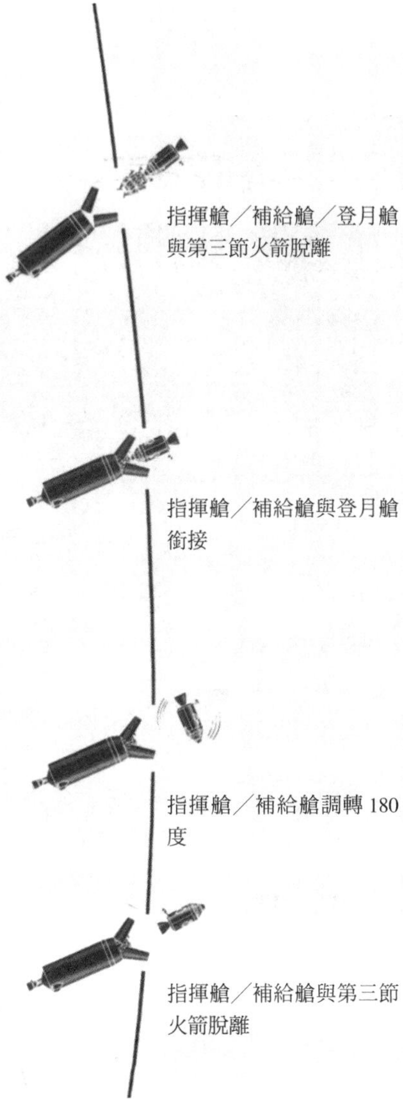

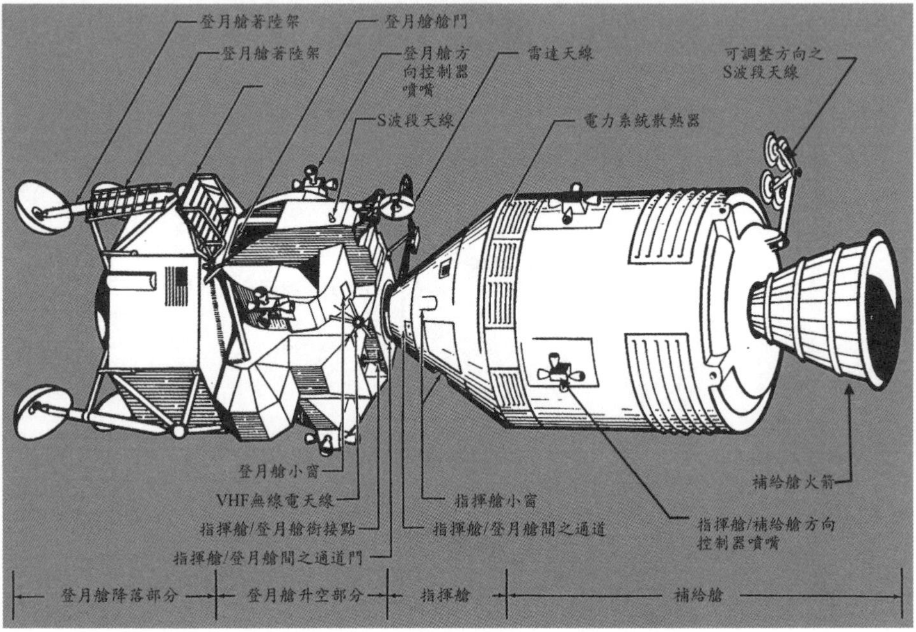

阿波羅 13 號的指揮艙、補給艙、登月艙各部位。

節火箭中拉出來。然後這三個艙（登月艙、指揮艙與補給艙）的組合體再繼續往月球飛去。第三節火箭則在此時拋棄。

做完這一連串的動作之後，整個太空船（三個艙的組合體）就很平穩地對著宇宙深處飛去。太空人心裡知道，三天之後月亮將會前來與他們相會。

沒人看的直播

這次任務之前，太空總署已經有兩次成功地登陸月球記錄。第一次登陸月球主要的任務是證明人類有能力前往地球以外的星球，並沒有任何其他重要的任務，太空人在採取月球土壤標本時，也只是在著陸地點附近鏟了一些樣本回來。這次阿波羅十三號的任務除了顯示與證明太空總署已有精確降落月球指定地點的能力之外，最重要的就是為地質學家搜集月球表面特殊地表岩石的樣本。為此，地質學家們還特別在出發前，為預備登月的兩位太空人進行了幾個星期的速成教育，讓他們瞭解

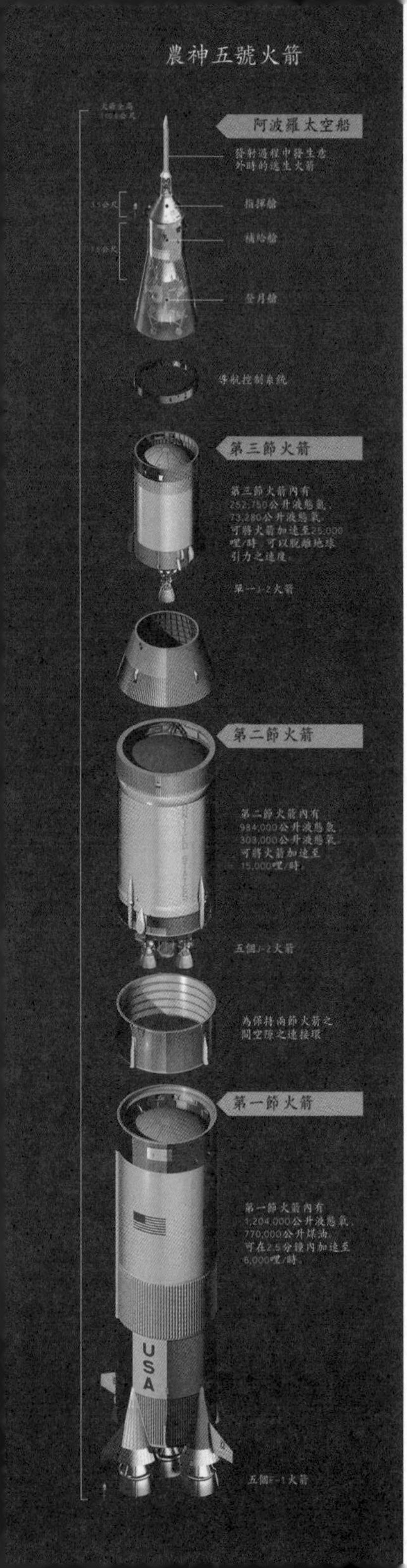

月球表面哪些地質樣本值得帶回地球作為研究之用。

在飛往月球途中第二天，休士頓太空中心突然收到阿波羅十三號傳來的「求救」聲音。幾位在太空中心當班的人員瞬間緊張起來，連忙詢問原因，聽完了太空人的說明，地面當班人員全都大笑起來。原來史懷格發現他在出發之前忘了報稅，而轉眼四月十五日（美國每年報稅的截止日期）即將來臨，因此他在焦急之下向太空中心求救，問可不可以替他向國稅局要求延期報稅。

太空中心的幾位值班人員中，還真有人替他打電話到國稅局去問，結果發現已有一條現成法規可以替太空人解套，那就是如果當事人在報稅截止日正在「國外」的話，報稅的義務可以順延六十天。

太空中心非常了解在飛往月球的七十多小時的航程中，被困在那窄小的指揮艙中是非常不舒服的一件事，因此替太空人想

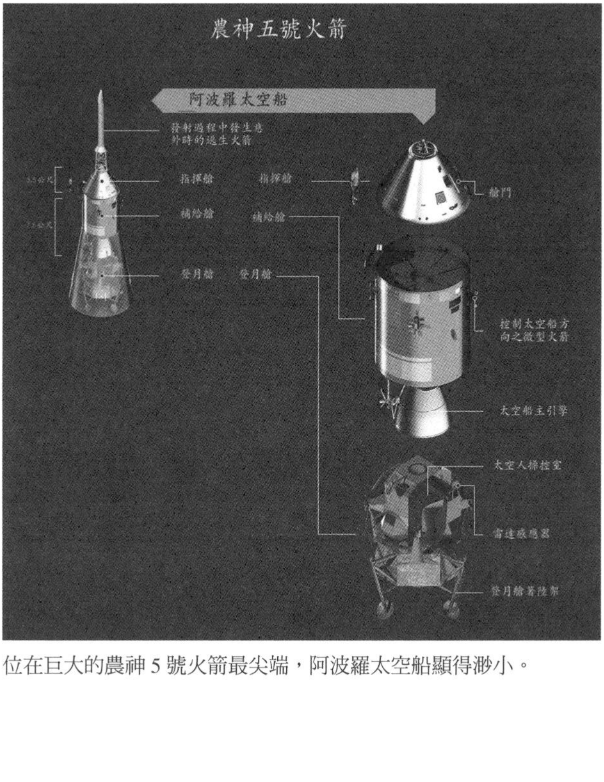

位在巨大的農神 5 號火箭最尖端，阿波羅太空船顯得渺小。

了不少解悶的點子。其中一項就是利用電視攝影機將飛行的狀況及指揮艙與登月艙的內部設備，介紹給地面電視機前的觀眾。然而人類首度登陸月球的新聞熱潮已經過去了，先前第一次登月任務時全球有成千上萬的群眾守在電視機前，而這一次的太空任務，就沒有什麼主流媒體想要電視轉播。

雖然電視公司對於從阿波羅十三號傳回的太空現場直播沒有興趣，但太空中心還是請任務指揮官拉維爾如期的開始直播。至於收看的觀眾，僅是在太空中心貴賓室裡包括拉維爾太太的一些員工家屬。

救難工具到不了的地方

就在電視直播結束之後不久，拉維爾正將電視攝影機收起來的時候，休士頓太空中心的飛航監控員賴伯卡（Sy Liebergot），發現補給艙裡兩個液態氧儲存罐裡的壓力錶指示似乎有些遲緩，因此他請史懷格將液態氧儲存槽裡的攪拌器打開，看看液態氧在經過攪拌之後，壓力錶的指示是否會改變。史懷格得到這道指令後，隨即伸手將那個攪拌器的開關按下。

攪拌器開關按下九十五秒之後，一聲很大、很沉悶的爆炸聲由補給艙傳來，太空船同時猛烈地抖了一下。

阿波羅十三號遇上麻煩了！

「休士頓，我們有麻煩了！」史懷格說出了這句在太空探索史上廣為流傳的一句話。

這一刻，阿波羅十三號是位於距離地球約二十萬浬（三十七萬公里），一個沒有任何救難工具可以及時趕到的地方。

「休士頓，是的，我們有麻煩了，B主匯流排顯示電壓過低。」任務指揮官拉維爾隨即將他所觀察到的現象回報給太空中心。

史懷格一開始認為那聲巨響及振動的原因是隕石擊中了太空船。然而他馬上就知道這個想法不對，因為太空船當時並沒有出現壓力外洩的狀況。

在那同時，休士頓太空中心的任務控制室也觀察到了拉維爾所說的B主匯流排電壓過低。在控制室當班的飛航主任克蘭茲（Gene Kranz）詢問主管電力系統的賴伯卡是怎麼一回事，賴伯卡第一時間的回答卻是「儀錶錯誤」，而不是真正的緊急狀況。但賴伯卡很快就了解，眼前的情況不是儀錶錯誤，而是真正出問題了。因為除了B主匯流排電壓過低，A主匯流排的電壓也開始下降。

緊張之餘，他立刻開始察看位於補給艙內的三個燃料電池的狀況，發現其中兩個燃料電池竟然已經沒電了，而此時整個儀錶板上似乎所有的警告燈都發出了刺眼的閃爍，在那些閃著的警告燈中，賴伯卡看到了二號氧氣罐的壓力指示為零，一號氧氣罐的壓力也不斷下降。他頓時知道阿波羅十三號真是遇上麻煩了。

維生的氧氣正在流失

就在這時，拉維爾望窗外看去，看到一陣像霧似的氣體正在向外洩。於是他向太空中心報告：「我們正在向太空中洩出……一些氣體。」

在地面的太空中心擔任與阿波羅十三號聯絡任務的另一位太空人路斯瑪（Jack Lousma）聽到這句話心裡一涼，他立刻就知道那個正在外洩的氣體是太空船的命脈——氧氣。它不但提供太空人的呼吸所需，更是燃料電池[4]的燃料之一。如果氧氣漏光，不但是電池無法充電，阿波羅十三號上的三位太空人也沒有任何生路。

飛航主任克蘭茲知道事態嚴重，他必須在氧氣漏完之前想出一個解決問題的辦法，要不然在他任內，將會有三個太空人罹難，這是他絕不能接受的事！

克蘭茲想到，指揮艙的氧氣是來自補給艙的氧氣罐，但登月艙的氧氣卻是自給自足，因為登月艙有自己獨立的氧氣罐。於是他立刻決定讓三位太空人全部移往登月艙，將那裡當成一個避難的場所。

4 燃料電池是將氫氣及氧氣混合時所產生的能量，轉換成電能，儲存在電池裡。

登月艙顧名思義是為「登陸月球」而特別設計的太空艙，它分為降落及升空兩個單元。升空單元是架設在降落單元的上面。降落月球表面時，兩個單元是連在一起，執行登月的兩位太空人就在升空單元內操縱整個登月艙，而升空單元的活動空間比指揮艙還小，僅有一百六十立方英呎（四點五立方公尺）。等到登月任務完畢後，太空人返回到升空單元，將升空火箭啟動，那個三千五百磅推力的火箭就會把升空單元射離月球表面，繼而進入月球軌道與指揮艙會合。而降落單元就棄置在月球表面。

任務目標變為救人

這時飛航主任克蘭茲將所有部門的人都聚集起來，並且宣布：阿波羅十三號的任務目標已經更改。從現在起，新的任務是將三位太空人安全的帶回地球。他請大家回去審視太空船的當前狀況，並在一天之內找出一個辦法去營救這三位受困的太空人。

這些專家們在考慮營救的方法之前，必須要決定一個非常重要的問題，那就是該讓阿波羅十三號走哪一條路回來！當時有兩條路可以走。第一條是立刻停止前進，調轉太空船頭，對準地球返航。第二條路是讓太空船繼續前進，抵達月球後進入月球軌道，圍繞月球一圈後，再對著地球返航。

一般人在直覺上會覺得，既然在去月亮的路上發生這麼大的意外，當然是讓那幾個太空人盡快調頭返航才是上策。但這樣的「直接返航」就必須用到補給艙後的火箭，以便讓太空船在飛抵月球前就改變方向，朝著地球方向返航（火箭是用來讓快速的太空船減速並停止，然後在太空船調頭對準地球後，再利用火箭推力加速，讓太空船對著地球返航）。

然而在意外事件發生之後，克蘭茲認為補給艙後面的火箭極可能已受損，不知是否仍能提供所需要的推力。在狀況未明的情形下，克蘭茲決定走第二條路，一條雖然比較費時，但卻很保險的路。這個路徑是讓太空船繼續前進，抵達月球後進入月球軌道，圍繞月球一圈後，啟動登月艙的火箭，這個火箭的威力雖然沒有補給艙的火箭大，但仍能產生足夠的推力讓太空船脫離月球引力，對著地球返航。[5]

克蘭茲將他的想法與原因說出後，所有與會人員都同意他提出的「繞月後再返回地球」的方式。但即使決定返回地球的路徑，還有許多問題等著科學家們立刻去解決。

一次機會，多個問題

當時太空中心裡的氣氛十分緊急，飛航控制室旁邊的幾個小會議室裡，擠滿了各方的專家。以往他們開會時總是爭論不休，但這次一反常態，每個人都仔細聽著其他人提出的意見，同時適時將自己的意見表達出來。因為大家都知道，在會議結束時必須就要有一個決定，已經沒有時間留到下次再討論了。因為他們這一次的專業決定，就會「立刻」關乎著三位太空人的生命。

首先就是氧氣問題。因為補給艙氧氣外洩，導致三位太空人必須到登月艙避難，因此氧氣是否足夠，就成為大家最關心的問題。登月艙的負責人說，利用繞月後再返回地球的方式，約需時四天，可是最初在任務規畫時，是預計兩位太空人總共會在登月艙裡面待四十五個鐘頭，因此登月艙在設計上的氧氣存儲量就是：兩個人、四十五個小時、再加上百分之百的安全備份，總共有兩人九十個鐘頭的使用量。此外，再加上為登月艙上的兩個火箭（著陸時減速火箭及再升空時的發射火箭）所準備的氧氣助燃劑，及艙內兩個為登月而準備的背包，裡面各有三個小時的氧氣。因此估計氧氣是足夠，不會是問題。

人除了依賴氧氣生存之外，水也是不可缺少的要素。在太空裡水除了提供太空人生活所需之外，同時也用來冷卻太空船裡的一些機件。人可以一天不喝水，但靠

5 脫離月球引力的速度約為每秒2.42公里（時速約為8,700公里）。

水來冷卻的機械卻無法一天沒水。之前在指揮艙裡的燃料電池，在利用氫氣及氧氣發電時的副產品就是水，但登月艙卻是使用銀鋅電池，沒有這副產品可用。因此也必須非常謹慎地節省用水。

三位組員之一的海斯將登月艙的水量計算後發現，即使每人每天的飲水量控制在六盎士（零點二公升），所有的水也將在返回地球前五小時用罄。不過根據阿波羅十一號返航時的資料，那些需要用水冷卻的機件，其實是可以連續六、七個小時不用水來冷卻。因此水雖然有問題，但是影響不會很大。

接著還有電力問題。無論是登月艙或是指揮艙，所有的儀器與操縱都要靠電力來執行。登月艙的電池有二千一百八十一安培小時的電量，那是根據登月艙四十五小時的使用量加上安全備份而準備，對四天的返回地球航程來說該沒問題。但登月艙無法返回地球進入大氣層，太空人在最後必須將登月艙拋棄6，回到指揮艙，搭指揮艙返回地球。可是此時指揮艙的電池已沒有電，所以工程師們必須盡快想出辦法，利用登陸艙的電去為指揮艙的電池充電，這樣也許能將指揮艙的電池充到可以維持到返航的程度。然而他們所擁有的總電量僅是那二千一百八十一安培小時，因此在回程的四天中，就必須將登月艙內一些次要電力系統完全關閉，來節省用電量。

太空航行時，必須完全利用電腦來導航。因此在離開指揮艙，關閉導航電腦，即將進入登月艙避難之前，拉維爾將指揮艙導航電腦的資料抄錄下來，預備將那些資料輸入到登月艙的導航電腦。

但在將資料輸入到導航電腦之前，登月艙的導航電腦必須先自我定位。通常導航電腦在定位時，是利用太空船上一個類似六分儀的光學定位望遠鏡，去找幾個固定的星球當座標，然後根據那幾個星球與太空船之間的角度來決定太空船當時的位置。只是當時太空船附近漂浮著許多補給艙爆炸時產生的碎片，這些碎片在太陽照

---

6 登月計畫在規畫時，就把登月艙設定為用畢即棄置的設備，因此它的外型也無須配合重返大氣層的需求。太空中沒有空氣，登月艙的設計完全沒有考慮到空氣動力學。因此登月艙進入大氣層時，絕對會因空氣摩擦的高熱而被燒毀。

射下的反光，使拉維爾無法分辨哪個是真的星球，哪些是碎片反光。

尋找星球來定位的企圖就此落空。太空中心的天體星象專家們很快就提供了另一個解決方案：利用太陽來定位。拉維爾將太空船轉向專家所提供的一個角度之後，他由登陸艙的光學定位望遠鏡向外望去，太陽果然就在星體專家們所推測的角度。於是登月艙的導航電腦就這樣定位成功！

找一條免費的回家之路

成功定位之後最重要的意義，就是可以將太空船帶上回家的捷徑。太空星際航行中有一個特別的軌道叫「免費回家軌道」（Free Return Trajectory）[7]。阿波羅十三號原來的目的是要登陸月球，因此所處的位置並不在這個免費軌道上。現在登月計畫已不可能，所以必須設法駛入「免費回家軌道」，這是最經濟的回家路徑。阿波羅十三號成功定位後，很快就算出如何由當時的登月軌道進入免費回家軌道。

在補給艙發生事故的五小時三十五分鐘後，拉維爾啟動登月艙火箭，讓它燃燒了三十四點二三秒，太空船順利進入免費回家軌道。

現在所有參與這次任務的人，都把焦點放在「如何讓太空船早一些返回地球」，太空中心的幾位專家提出一個建議，那就是拋棄補給艙以減輕重量，如此一來指揮艙可以提早三十六小時返抵地球。這個建議乍聽之下頗具吸引力，但克蘭茲在詳細了解這個建議後，卻必須將它否決。因為根據這個建議，指揮艙會落在印度洋，而不是在太平洋，而美軍在印度洋沒有足夠的營救船艦可供使用。更重要的原因則是，若拋棄補給艙拋，指揮艙後面的防熱板將會暴露在極冷的太空中長達兩天，而當初

---

7 太空船在火箭的推力下脫離地球引力後，就將火箭關閉。而太空船在太空中沒有空氣的阻力，所受地球引力的影響也很小，因此幾乎不用任何火箭的推力就可以恆速前進，不需火箭推力也就不需任何燃料。當太空船進入月球軌道再轉一圈後，再度啟動火箭將太空船加速到脫離月球引力的速度，太空船就會離開月球軌道對著地球衝去，這時又是幾乎不需要任何燃料就可以回到地球，這種星際航行的方法就被稱為「免費回家軌道」。

防熱板在設計時，並沒有考慮如此長時間暴露在低溫下，重入地球大氣層面對高溫時會發生什麼樣的後果。因此這個建議的風險太大，無法採用。

就在登月艙繞行月球時，太空中心的另一位飛航工程師博斯蒂克（Jerry Bostick）在經過精算後發現，稍後在啟動登月艙火箭以求脫離月球引力的時候，若將火箭的燃燒時間延長到四分二十三秒，則會將指揮艙送入另一條返回地球的免費回家軌道。這條軌道可以讓指揮艙提早十二小時回到地球，並落在營救船艦早已部署的太平洋。

克蘭茲及太空總署的高級長官們接受了博斯蒂克的建議，並請他將所算出來的火箭啟動程序、時機及燃燒時間通知阿波羅十三號上的三位組員。

正當拉維爾忙著將無線電中所傳來的程序記下時，他發現海斯及史懷格兩人正拿著相機對準窗外，不斷拍攝月球表面暗灰毫無生機的景色。他嘆了口氣，對著兩位組員說：「如果我們無法精準的執行下一個動作，你們大概就沒機會回家沖洗那些底片了！」海斯笑著回他說：「你是來過月亮的人，我們可是第一次啊。」

拉維爾根據博斯蒂克所提供的操作程序，在阿波羅十三號繞月一圈結束之際，於指定的時間點啟動了登月艙火箭，讓它燃燒四分二十三秒之後再關閉。太空船果然順利進入了那個快速的免費回家軌道，對著地球直衝。

我好冷，快吸不到氧氣了……

為了節省電力，此時組員們關閉了登月艙中大部分的系統，包括暖氣。這使登月艙的溫度很快就降到華氏三十八度左右（攝氏三點五度），三位太空人冷得直打哆嗦。拉維爾及海斯兩人於是將原本要登月時穿的靴子套上，而史懷格因為是指揮艙的飛行員，原先的任務規畫就要求他留在指揮艙內，不需登月，因此沒有靴子可以保暖，只好多穿一件飛行衣。

不管是穿了靴子或套上飛行衣，都無法讓太空人避開刺骨嚴寒。本來拉維爾有意讓大家穿上太空衣來避寒，但是一來太空衣太過厚重，穿上之後活動會相當不便，再來太空衣是完全絕緣，太空人本身的體溫會悶在太空衣內無法散出，那會讓人更不舒服，所以太空衣也沒太大幫助。

就這樣，三人在冰冷的環境下過了難熬的一天半。不料屋漏偏逢連夜雨，這時登月艙內的二氧化碳警告燈開始閃動，組員們才發現艙內二氧化碳成分已經到了危險程度。這時大家才猛然驚覺：上個階段他們一直在擔心氧氣的存量，卻忽視了登月艙僅是設計給「兩位太空人」在裡面待四十五小時，而此時這三位太空人在裡面已經待了超過四十五小時，原本艙內的二氧化碳過濾器，已無法繼續吸收過量的二氧化碳了！

其實指揮艙裡還有足夠的二氧化碳過濾器蕊芯，然而那些過濾器蕊芯是「方形」，無法放進登月艙「圓型」的過濾器內！

克蘭茲在太空中心知道這個問題後，立刻找來幾位工程師，要他們在最短時間內提出解決問題的方法。幾位工程師根據補給部門提供的太空船內物品清單，選用了太空衣空調器接管、塑膠袋、手冊封面的硬紙板及膠帶等幾樣材料，很快就做出一個臨時的轉接器，將方形的二氧化碳過濾器蕊芯接到登月艙的圓形過濾器上。

接著史懷格及海斯兩人再根據太空中心透過無線電傳來的轉接器製作程序，花了一個多小時將那方形的過濾器蕊芯接到圓形的過濾器上。接上之後僅過了三十多分鐘，登月艙內的二氧化碳就降到了安全的程度。

尿液竟然影響航道？

正常情況下，登月艙把完成登月重任的太空人送回到月球軌道上的指揮艙之後，就會被拋棄，僅是指揮艙及補給艙對著地球返航。然而眼前的麻煩不斷，阿波羅十三號必須打破一切常規，所以登月艙不但沒被拋棄，還得充當主角帶著太空人奔向幾十萬浬之外的地球。然而登月艙終究不是為了長途星際航行而設計，飛了兩天多之後，太空中心發現登月艙已經飛離預定航線，必須做一次航線修正，才能落到太平洋中的正確地點。於是要求太空人利用目視方法再做一次修正，那就是將太空船對準地球日夜的分界線，將登月艙的火箭點燃十五秒，希望這樣可以將太空船回歸到正常的返航路線。

啟動火箭，對準地球日夜的分界線做修正，十五秒後將火箭關掉，這一連串程序說起來簡單，但執行起來絕非容易，稍有閃失就回不了家。拉維爾請史懷格看著手錶讀秒，自己負責控制太空船的仰俯及火箭的啟動與關閉，海斯則負責控制太空船的方向。三個人從未如此合作過，在火箭點燃的那一霎那，太空船雖然有些抖動，但三個人的默契竟將太空船控制得相當穩。火箭關掉幾分鐘後，太空中心告訴他們，他們已回到正常返航航線。

為了確保太空船不會受到任何外力影響而偏離預定的航線，太空中心要求三位太空人不可將尿液排出艙外，以免太空船被噴出尿液的反作用力推離航線。

原來在正常狀況下，尿液是透過壓力，從太空船內排出艙外，可是這股向外噴的力量會產生一股反作用力，就像火箭一樣，將太空船朝向反方向推動。這就是牛頓第三定律，每一股力量都會產生一股等量的反作用力。

這個禁止排尿的要求，可讓那三位太空人著實忙了一陣，大家分別去找可以用來存尿的容器。結果海斯找到了兩個大型塑膠袋，才解決了問題。

這時阿波羅十三號距地球還有十五萬五千一百一十一浬，預計三十八小時後抵達進入地球大氣層的方位。這時太空中心的幾組工程師正忙得焦頭爛額，因為他們必須要在這三十多小時的時間內，將兩天前事件剛發生後就開始準備的「修正返航程序」加以定案。確切的作法是將一切在返航時必須注意、必須執行的事都記錄下來，先由預備組的太空人在地面模擬機上予以驗證，證明確實可行後，再寫成程序。等到三位太空人回到指揮艙時，再由地面人員口述，讓太空人隨著口述的程序執行返回地球的步驟。

這種事在正常的情況下，可能要費時三個多月或更長的時間，但當太空船以每秒四千四百呎（一點三四公里）的速度衝向地球時，那些負責規畫程序的工程師們實在沒有任何多餘的時間！

電＋水等於？

太空船抵達進入大氣層的地點之前六小時，指揮艙內的三個電瓶都已充滿，達到可以執行進入大氣層任務的程度，於是三位組員開始做返回指揮艙的準備。史懷格是第一位回到指揮艙的組員，但眼前的景象卻讓他瞬間傻眼：他所看到所有的儀錶板、牆上及窗戶上都是水珠。這是空氣中的水分在冰冷的物體上凝結出來的水珠。他相信儀錶板的後面，甚至是牆的後面也是相同的狀況，這使他非常擔心在將電力系統啟動時，會不會有電線短路的情形。

這時在太空中心，那位在最後關頭被懷疑可能會患痲疹，而被換下的太空人麥丁利已回到飛航控制室。他將那份臨時完成的「修正返航程序」拿在手裡，開始與史懷格通話，告訴史懷格如何將已經停擺超過三天的指揮艙重新啟動。史懷格本來就是合格的指揮艙飛行員，有著兩年多的指揮艙訓練經驗，在正常情況下幾乎可以閉著眼睛將指揮艙啟動。但在狀況不斷的此時，原來的啟動程序已不適用，他必須仔細聽著麥丁利的每項指示，重複過一遍，確定無誤後再執行。

史懷格每啟動一個開關，都擔心會有火花由儀錶板後面爆出，然而他所擔心的電線短路現象並沒有發生。因為在阿波羅一號的慘劇之後，所有的電線接頭都已重新設計。

在啟動指揮艙的過程中，史懷格突然想到一個大家都忽略的問題：原本的計畫中，要在月球表面採取約一百二十磅左右（約五十四公斤）的月球土壤及岩石，放在指揮艙中帶回地球。在當前的狀況下，指揮艙少了那一百二十磅的重量，而指揮艙的重量一定是會影響進入大氣層時的角度及速度。因此三位太空人又急著將登月艙裡的一些物品搬到指揮艙中，讓指揮艙的重量盡量符合原來計畫中的重量。

總算用肉眼看見災情

進入大氣層前四小時，太空中心下令阿波羅十三號將補給艙拋棄。當補給艙由指揮艙的後面漂離時，組員們是第一次看到了補給艙受創的慘狀：有一整片艙板被炸開，破裂的二號氧氣罐清晰可見；海斯特別注意到位於補給艙底端的火箭部位，很明顯的也受到爆炸影響而損壞，證明了先前克蘭茲決定不使用那個火箭的決定是正確的。

又過了三個小時，指揮艙與登月艙的組合體已接近進入大氣層的地點，是必須將登月艙拋棄的時候了。海斯是最後一位離開登月艙的組員，他在回到指揮艙之前，非常感性地對著這個帶著他們度過難關的「避難艙」投下最後一瞥，然後將兩艙之間的通道艙門關妥。

史懷格按下拋棄登月艙的電鈕之後，三位組員都感受到一陣輕微的震動，由指揮艙的小窗外望，看著那逐漸飄走的登月艙，大家都心懷不捨之情。那個原本為登月而設計的載具，竟拖著指揮艙在太空中飛行了四十餘萬浬（七十餘萬公里）[8]，將他們一路拖到進入大氣層的地點。大家都了解，如果不是登月艙，他們不可能在太空中存活下來。

指揮艙的航行電腦將指揮艙以精確的角度射進大氣層，經過四分多鐘高熱環境下的無線電靜止後9，終於在南太平洋上空安全地展開三具降落傘，在附近等候的硫磺島號航空母艦輕易就看到他們。四天的緊張驚險過程，終於有了完美的結局！

事故直接原因

太空人安全返回地球後，幕後的重頭戲才剛要開始。國家太空總署必須將整個事件仔細分析，看看到底是哪個環節出了錯誤。

---

8 阿波羅十三號以喜劇收場後，登月艙的設計及製作廠商格魯曼公司（Grumman Aerospace Corporation）曾開玩笑地根據當時美國汽車故障的拖車價格，送了一張三十萬美元的帳單，給指揮艙製造商北美飛機公司，作為登月艙一路將指揮艙拖到大氣層進入點的代價。

9 太空艙進入大氣層時，與空氣高速摩擦下，在周圍產生高熱，並形成電離子，使無線電通訊中斷。

也就是在這時，大家才意識到一件純屬運氣的事：還好休士頓太空中心的飛航監控員賴伯卡是在「去程」的時候要求史懷格將補給艙氧氣罐中的攪拌器打開。如果是在回程中才將補給艙的氧氣罐攪拌器打開的話，此時登月艙已經拋棄了，補給艙爆炸後太空人就沒有登月艙可以做為避難所。這樣這三位太空人必死無疑！

經過國家太空總署仔細的調查，發現事故的起源是在二號氧氣罐裡的恆溫開關（thermostatic switch）。那個開關在一九六二年設計時的規格是用二十八伏特的直流電壓來控制，但是在一九六五年時的一次規格更改時，將那個線路的電壓改成六十五伏特。而氧氣罐的設計人雖然將工程圖更改，但卻沒有將這個更改反映到已經完成的氧氣罐，因此這個在一九六四年就已完工的氧氣罐，還是使用著二十八伏特恆溫開關。

二十八伏特的開關在六十五伏特的電壓下，可以暫時運作，卻會產生高熱。因此這個氧氣罐雖然在太空中心測試時通過了測試，但開關後面電線接頭上的鐵氟龍絕緣體卻在測試中因高熱而退化。當史懷格在太空中按下氧氣罐的攪拌開關時，同一個電路上的恆溫開關也被通電，而六十五伏特的電壓再度接到開關上時，鐵氟龍絕緣體瞬間破裂，露出金屬電線，導致電線短路，氧氣罐內的液態氧在電線短路狀況下隨即爆炸。

在知道事件真相後，國家太空總署將氧氣罐重新設計，確保同樣的意外事件不再發生。九個月之後，阿波羅十四號於一九七一年二月成功登陸月球，沒有任何意外事件發生。在這之後，又有三次登月行動，也都是非常非常順利。整個阿波羅計畫在一九七二年十二月於阿波羅十七號登月後劃下句點，人類至今沒有再度嘗試登月。

雖然阿波羅十三號的任務在登月的觀點來說是一次失敗，但事發之後所有工作人員不眠不休的工作，在極短期間內想出對策，將受困在幾十萬浬之外的隊友搶救回來。這種團隊合作、支持同僚的精神，顯示了國家太空總署的真正內涵。無怪乎拉維爾將此次事件稱為「最成功的一次失敗」（the most successful failure）。

這是國家太空總署最光輝的一刻！

沉默的太空人

聯盟十一號

美蘇之間的太空競賽，由一九五七年十月蘇聯發射第一顆人造衛星開始，到一九六九年七月美國太空人阿姆斯壯登陸月球結束。蘇聯雖然輸掉了這場長達十二年的競賽，但是他們並未就此放棄太空探索。相反的，他們認為太空將是一個需要重點發展的疆域，因此在一九六九年初，美國尚未登陸月球之際，蘇聯就將探索太空的重點由登陸月球轉換到建立一個可長期在軌道中運轉，做為太空基地的太空站。

蘇聯第一個太空站的設計及製造過程可說是神速。短短一年時間就將科學家們腦中的構想變成設計藍圖，再過一年，致敬一號（Salyut-1）實體太空站就已出廠。相形之下美國的太空梭由構想到第一架實體出廠，整整花了十二年的時間！

致敬一號太空站是人類探索太空史上的第一個太空站，全長十五點八公尺，最粗部分的直徑是四點一五公尺，並分成銜接艙、主艙及輔助艙等三個部分。銜接艙的主要作用就是與太空船在太空中銜接之用，太空人可以經由銜接艙在太空站與太空船之間自由往來。主艙是太空人工作與休息的場所，內部的空間約與一輛國光號巴士相似，可以讓三、四位太空人同時進駐。輔助艙則是整個太空站的心臟，所有電力、通訊、操控及推進火箭引擎系統都在其中。

蘇聯本來預備在一九七一年四月十二日，人類第一位太空人加加林進入太空十週年的日子，將致敬一號太空站發射進入太空。但是因為一連串的技術問題，發射日期不斷延後，一直等到四月十九日，這個重達一萬八千餘公斤的致敬一號太空站才由拜克努爾太空發射基地（Baikonur Cosmodrome）升空，順利進入距地面兩百公里的地球低層軌道。

長期殖民太空

致敬一號太空站在軌道中穩定之後，蘇聯太空專案管理局（Space program of the USSR）迫不及待的想將聯盟十號盡快升空，因為這樣才能真正在太空中測試太空船與太空站的銜接系統。然後讓太空人進入太空站，在太空站中停留一個月，將所有的系統測試一遍後，再搭太空船返回地球。

致敬一號太空站升空後三天，聯盟十號太空船於四月二十二日發射進入太空，三位太空人分別是任務指揮官沙塔羅夫（Vladimir Shatalov），飛航工程師耶立斯耶夫（Aleksei Yeliseyev）及系統工程師盧卡魏斯尼可夫（Nikolai Rukavishnikov）。三人中除了系統工程師盧卡魏斯尼可夫是第一次進入太空之外，其餘兩位都各自擁有兩次進入太空的經驗。

聯盟十號太空船進入太空之後，在自動導航系統的操作下向致敬一號太空站緩緩接近，但當聯盟十號太空船距致敬一號太空站還有一百八十公尺時，自動導航系統發生故障，無法繼續算出兩者之間的角度及距離。任務指揮官沙塔羅夫必須用目視的方法，用手操縱聯盟十號太空船緩緩向致敬一號太空站接近。

沙塔羅夫順利的將他的太空船接近到太空站的旁邊，並將太空船銜接艙頂端的探索棒，緩緩伸進致敬一號太空站的銜接艙口。這時太空船銜接艙的艙口與太空站的銜接艙口已經接觸，等到銜接艙口處的電力及其他系統接頭接妥之後，就大功告成。太空人這時可將銜接艙口的艙門打開，進入太空站。

然而就在此時，聯盟十號太空船操縱系統的電腦發生故障，它誤認為太空船並沒有對準太空站的銜接口，因此自動啟動控制方向的微型火箭，導致太空船開始朝向一旁偏去。這種情況下，銜接艙口的電力系統就不能與其他系統接頭順利的接上了。

沙塔羅夫試圖關閉操縱系統的電腦，但這些接頭接妥後需要電腦認證，若現在關掉電腦，就無法確定各系統的接頭是否接妥。於是他把問題回報給太空專案管理局，太空專案管理局會商了一下，也無法解決，只好決定放棄這次與太空站銜接的嘗試，讓他們返回地面。

拔不出來

然而，就在沙塔羅夫預備把太空船銜接艙上的探索棒由太空站收回，將太空船後退時，他卻發現那個探索棒卡在裡面，無法收回了！

太空船裡面的太空人試了許多方法都無法將探索棒收回。太空船與太空站就這樣被卡住的探索棒連結著，一起在太空軌道上繼續運轉。太空專案管理局急忙將當初設計太空船的工程師群都找來，商討解決之道。

地面的工程師們正忙著討論時，太空船上的三位太空人並沒有太擔心，因為他們知道如果實在沒有辦法收回探索棒，也不會被困在太空，因為仍有最後的救命一招，那就是將太空船的銜接艙與指揮艙分開，就讓銜接艙繼續和太空站連結在一起，他們三人則搭指揮艙返回地球。問題是這麼一來太空站就無法再與其他太空船銜接，整個太空站從此如同廢掉一般。因此，誰也不願意做這樣的決定。

太空船就這樣與太空站卡在一起，一起繞行地球四圈之後，有位工程師建議沙塔羅夫：乾脆將銜接系統的探索棒斷電器拉開，這樣就切斷了探索棒的電源。他認為探索棒在這種情況下就會重置回縮，回復到應該有的狀態。沙塔羅夫照著他的建議將斷電器拉開，神奇的是那個卡了半天的探索棒果真就在電源被切斷後縮回。聯盟十號太空船這下終於自由了，終於與致敬一號太空站分開。

臭到昏過去

聯盟十號太空船恢復自由之身，在軌道上又轉了半圈，在預定進入大氣層的地點之前先將反向火箭啟動，再將銜接艙及動力模組拋棄，讓太空船減速，也開始離開軌道，向下進入大氣層。

太空船進入大氣層之前，與空氣高速摩擦產生高熱，將太空船燒得通紅。太空人由指揮艙的小窗外望，只見橘紅色的火光一片。這時在艙外高溫的影響下，艙內不知是什麼東西開始散出一股極其難聞的氣體，這股氣體的味道之難聞，竟然讓系統工程師盧卡魏斯尼可夫被燻昏了過去！幸好太空船在四分鐘內就穿過了那層障礙並進入大氣層，外界的高熱逐漸散去，艙內那股難聞氣體也消散了，盧卡魏斯尼可夫也在太空船觸地之前恢復了知覺。

清晨六點，聯盟十號太空船降落在哈薩克斯坦的卡拉干達市（Karaganda, Kazakhstan）東北方一百二十公里處，接應人員很快地就趕到現場。

下次任務準備妥當

面對聯盟十號太空船在這次航行間所發生的諸多問題，工程師們仔細的檢查了各項系統，並將自動導航系統及操控系統的電腦更新，希望同樣的問題不要在下次任務中再度發生。而銜接艙在返回地球之前就被拋棄，無法實地檢查那支發生故障的探索棒找出它收不回來的原因，於是工程師就將整個系統重新設計，並在模擬機上做了好多次與太空站的銜接測試，確定不再會有卡住的狀況。

工程師們解決了聯盟十號太空船在任務過程中所遭遇的問題，於是向蘇聯太空專案管理局報告，太空船上那些有問題的系統都已更新，聯盟十一號太空船已準備妥當。

早在聯盟十號升空的時候，聯盟十一號太空船的正選與後備組員就已準備妥當。等到聯盟十號任務失敗，無功而返之後，十一號的組員們更將十號所遭遇到的問題，反覆在模擬機中練習，以便萬一自己在太空中再度遭遇同樣的情況，就可以很快加以解決，並完成十號組員未能完成的任務。

命運的變換

預期發射升空前四天，在一次例行體檢中，航醫在聯盟十一號正選飛航工程師庫巴所夫（Valeri Kubasov）的胸部 X 光片上發現可能有肺結核的跡象。庫巴所夫知道之後覺得真是莫名其妙，因為就在前一個月的體檢時都沒有這個問題，怎麼可能在短短一個月之內就產生肺結核的現象？當下他請求重驗，但因為發射日期就在四天之後，太空專案管理局覺得時間太過匆促，因此一方面決定他可以重驗，另一方面為了確保聯盟十一號的發射能按照時程進行，就將三位後備組員往前調動，接替這次聯盟十一號太空船的正選組員任務。而三位原先的正選組員則全部被換下。

後備組員的任務指揮官是度布羅甫斯基（Georgy Dobrovolsky），這是他第一次的太空任務。飛航工程師是福克夫（Vladislav Volkov），他曾隨著聯盟七號太空船進入太空，這是他第二次的太空任務。系統工程師是派沙耶夫（Viktor Patsayev），這也是他第一次的太空之旅。

雖然原先的三位組員都被換下，但在最後的四天當中，原先的任務指揮官利歐諾夫（Alexei Leonov，全世界第一位執行

聯盟 11 號三位太空人由左至右：指揮官度布羅甫斯基、飛航工程師福克夫、系統工程師派沙耶夫。

太空漫步的太空人），還是花了許多時間將他在訓練中所得到的心得，持續與即將升空的三位太空人分享。只是誰也沒料到，利歐諾夫提醒備選組員的一件事，竟是日後造成悲劇的主因。

利歐諾夫告訴他們，在返回地球之前將銜接艙拋棄時，他們一定要親自檢查「銜接艙與指揮艙之間的幾個活門是否確實關妥」，不要相信自動系統的顯示，因為他在模擬機上，就曾發現活門未關妥的先例。

太空船與太空站順利合體

一九七一年六月六日，正當美國國家太空總署為阿波羅十五號登月任務在做準備時，蘇聯太空專案管理局在這天上午十點於拜克努爾太空基地將聯盟十一號太空船發射升空。

發射過程相當順利，十分鐘後太空船進入地球低層軌道。那時致敬一號太空站在較上方的軌道，兩者相距約七公里。由太空船的小窗外望，聯盟十一號的太空人可以看到他們前上方的一個小光點，就是他們要前去會合的太空站。

聯盟十一號太空船在自動導航系統的操作下向致敬一號太空站緩緩接近，二十四分鐘之後，致敬一號太空站已由一個小光點變成了一個可以辨識出外型的太空站了。任務指揮官度布羅甫斯基將太空船由自動控制轉為人工操控，那時兩者之間的距離約為一百公尺。

在太空中要追趕這區區一百公尺的距離，並不是一件簡單的事[1]。度布羅甫斯基將兩者之間的相對速度調整到每秒鐘二十公分，緩緩地接近致敬一號太空站。換句話說，在這個軌道上，聯盟十一號太空船及致敬一號太空站的時速大約都是兩萬八千一百公里，但聯盟十一號太空船會比致敬一號太空站每秒快二十公分。

1 請參閱本書第一章，關於太空船在太空中必須減速才能追上前面的太空船之相關說明。

聯盟十一號太空船與致敬一號太空站接近到伸手可及的距離時，銜接艙的探觸棒在飛航工程師福克夫的操縱下伸進致敬一號太空站的銜接口。上一次聯盟十號太空船的銜接嘗試，就在此時遭遇困難。因此度布羅甫斯基幾乎是屏住了呼吸，非常細膩地操縱著太空船繼續向前緩緩前進。

幾秒鐘後，先感覺到輕輕的一聲「控通」，聯盟十一號太空船上儀錶板的一個綠燈隨即亮起，表示兩個太空載具的銜接艙口已正式接觸。飛航工程師福克夫隨即檢查接觸面的水平及垂直壓力，當他看到兩組的壓力都在正常範圍內後，便將系統結合的按鈕按下，使電力及其它系統的接頭隨即接上。到這裡，兩個不同的太空載具至此已成為一體。

由度布羅甫斯基接手控制聯盟十一號太空船，到與致敬一號太空站完全結合，那一百餘公尺的距離竟花費了三小時十九分鐘的時間。相形之下由地面到地球低層軌道僅用了三十幾分鐘。

系統工程師派沙耶夫根據檢查程序表，將聯盟十一號太空船及致敬一號太空站所有的數據都檢查一遍，他必須確定數據都在指定範圍之內，尤其是兩者內部的空氣壓力一定要相等，接著才可將兩個銜接艙之間的閘門打開。

又是一股焦味傳出

派沙耶夫檢查完畢之後，向任務指揮官度布羅甫斯基報告所有數據正常，於是度布羅甫斯基指示派沙耶夫將閘門打開。幾乎就在閘門開啟的瞬間，派沙耶夫立刻聞到一股燒焦的煙味由太空站內傳出。他探頭往太空站的銜接艙內望去，發現一切與他在地球上模擬機所看到的景象一樣，而且也沒有被任何燒過的痕跡。於是他自己先進入太空站，將銜接艙、主艙及輔助艙全都檢視一遍，確定沒有問題後，再讓另外兩人進入太空站。

飛航工程師福克夫進入太空站後，先將太空站內的空氣濾清器濾網更換，再將空氣循環機打開，希望能清除艙內的那股難聞的味道。做完這些處置後，他向度布羅甫斯基建議他們暫時在自己的太空船內再過一天，第二天等空氣中沒有異味之後，再進駐到太空站內。度布羅甫斯基接受了他的建議，並將此事回報給地面的太空專案管理局。

第二天太空站內的空氣已經完全清新，那股焦煙的味道也消失了。於是度布羅甫斯基下令開始將所帶來的實驗器材、食物及個人用品由太空船搬到太空站內。按照計畫他們將在太空站內居住二十四天，在六月三十日返回地球。

離開聯盟十一號太空船之前，飛航工程師福克夫將太空船設成「冬眠」模

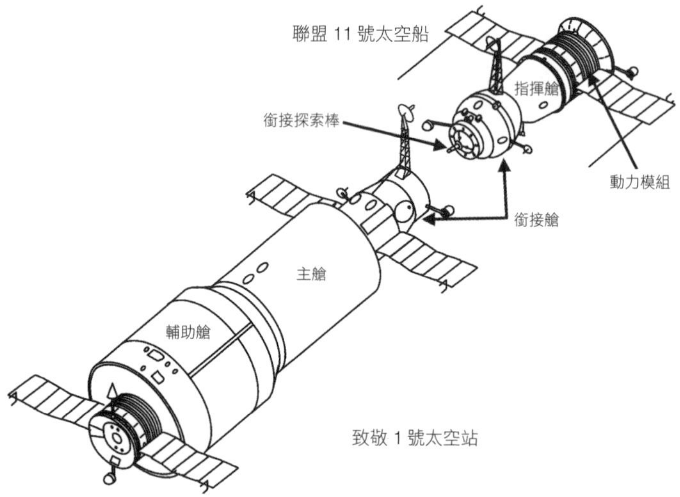

致敬 1 號與聯盟 11 號。

式，關閉了一切不必要的系統，僅讓太空船維持在最基本運作的狀態。

積極展開一系列實驗

派沙耶夫將太空站的太陽能板調整到正對太陽的方向，這樣太陽能板才能產生足夠的電力來維持太空站的運作。任務指揮官度布羅甫斯基則隨著電力的增加，將太空站內的系統陸續啟動。兩個多小時之後，所有的系統全都開始運作，整個太空站「活」了起來！

根據蘇聯太空專案管理局給聯盟十一號太空船所開的任務清單，他們每天都有相當多的實驗要做。而在太空中每「天」的概念也與地面有顯著的不同，在地面上「一天」是指著二十四小時的白晝與黑夜，在太空中的一天只能藉著時鐘來計算，因為白晝與黑夜是每九十分鐘就重複一次，因此用白晝與黑夜來計算「天」，在太空中並無任何意義。太空人必須完全依照格林威治標準時間來作息，而為了都能有人在當班，太空專案管理局安排了三位太空人輪流休息的時間表，任何時候都至少有一人在工作。

太空的環境裡是無重力的，若沒有維持適當的運動量，肌肉就會萎縮。為了防止太空人的肌肉退化，太空專案管理局在致敬一號太空站上安置了一個走路機，並要求每位太空人都要定時使用。然而，派沙耶夫第一次使用這走路機時，竟使得整個太空站都跟著猛烈震動。這種情況下這個定時的運動就很難繼續下去，於是每位太空人只有各自想法子來運動。

致敬一號太空站上面有一座太空望遠鏡，這是蘇聯太空專案管理局特別為了配合致敬一號太空站裝設的微型天文望遠鏡，由亞美尼亞的天文學家古札甸（Grigor Gurzadyan）設計。這也是第一個由太空往銀河系觀看的望遠鏡。蘇聯太空專案管理局對它有相當高的期望，希望能用它照到一些清楚的銀河相片，給天文學家作為研究參考之用。派沙耶夫還特別接受了一個速成訓練，學習如何操作這台望遠鏡，這使他成為第一位在太空中操作天文望遠鏡的人，而他也不負眾望的拍攝了許多珍貴的相片。

除了用太空望遠鏡觀測銀河，太空人在太空站中還做了許多包括生物、物理及地球觀測的試驗。太空專案管理局似乎是怕他們在太空中太閒，時時刻刻都有新的實驗或工作指派給他們。

又是燒焦味，這次還有煙

格林威治時間六月十六日下午一點，三位太空人同時聞到一股橡皮燒焦的味道，就像他們第一天進入太空站所聞到的味道一樣。更糟的是，隨著燒焦味道的出現，太空站中竟發現有煙！這是極度嚴重的問題。指揮官度布羅甫斯基為了安全起見，立刻下令大家撤回到聯盟十一號太空船裡。

一個多小時後，由遙測系統得知致敬一號太空站內部並未起火燃燒，於是度布羅甫斯基與福克夫兩人回到太空站內，像上次一樣將空氣濾清器的濾網更換，再將空氣循環機打開，讓太空船內部空氣過濾。這樣又等了幾個鐘頭後，太空站內才恢復正常。

接連兩次在太空站內發生相同狀況，這使地面控制人員及太空站中的三位太空人都相信一定是某個系統發生了狀況，但是由儀錶上及目視檢查，都無法找出那燒焦味道的起源。這時要三位太空人再回到太空站內生活，實在太危險了，地面太空專案管理局因此開始認真考慮是否讓他們就此結束太空站的工作，返回地球。

不過，幾天之後蘇聯將要發射另一枚火箭，而在太空中觀察該枚火箭升空則是聯盟十一號太空船此次任務中相當重要的一個課目，因此太空專案管理局最後還是決定要他們回到太空站內。不過也特別強調，他們返回致敬一號太空站的時候，務必先將所有的系統關閉，然後再逐一的將系統啟動，每次啟動一個系統的時候，必須仔細觀察電流的流量，企圖用這種方法找出究竟是哪一個系統有電流超標而導致電線過熱的問題。

太空人花了將近六個小時的時間才將致敬一號太空站上所有的系統依序起動，

過程中沒有發現任何異常狀況。太空專案管理局的兩位電器專家也在地面上花了許多時間，企圖找出所有電力系統上可能的問題，卻是徒勞無功。「找不到問題」才是太空專案管理局最擔心的事，這是一顆未爆彈，非常可能會在最不注意的時刻爆發，因此絕對要高度注意。

雖然致敬一號太空站有著這樣的麻煩，但三位太空人還是每天定時對地面做電視直播。他們每天的直播已在蘇聯成為大家必看的節目。這除了是因為民眾對太空的好奇，在太空人直播節目中，可以了解許多之前不知道的細節之外，更重要的是一股國家的自尊心大爆發，他們覺得縱使美國已經將人送到月亮，但蘇聯也不差，可以在太空中建立一個基地，讓太空人長期的在太空中生活。

打包回家

所有預定的試驗在六月二十六日全部完成。剩下的幾天時間裡，太空人開始做返回地球的準備，這包括將所有的實驗成果，及在太空中所拍攝的幾百卷底片，全數包裝妥當並放回聯盟十一號太空船。另外就是將致敬一號太空站設定成「冬眠」模式，等待下一梯次的太空人造訪。

三位太空人於六月二十八日告別致敬一號太空站，進入聯盟十一號太空船。在各自的座椅上坐好後，儀錶板上的一支警告燈引起了福克夫的注意，他發現那是銜接艙的閘門並未關妥的警告燈。

「閘門未能密封？這是怎麼回事？」他焦急地問道。

「不要緊張，先將閘門上的轉輪向左轉，把閘門打開，然後再重新將閘門關上，將轉輪向右轉六圈。」地面的飛航管制員按照手冊上的程序，告訴太空人關上閘門的方法。但福克夫照著試了幾次都無法讓那個警告燈熄滅。

福克夫在最後一次嘗試時，將轉輪向右轉了六圈後，再用力多轉了半圈，那枚警告燈這才熄滅。福克夫笑著說：「我還以為在太空是無須使用蠻力的。」其餘的兩位太空人聽了之後，也都笑了。

為了讓太空專案管理局能看到致敬一號太空站的近況，福克夫將聯盟十一號太空船後退，與致敬一號太空站分離後，先圍著太空站繞了一圈，讓派沙耶夫替致敬一號太空站照了一些相片。然後聯盟十一號太空船才真正的踏上返回地球的路程。

地面的飛航管制員將落地地點的天氣狀況報給三位太空人，並請他們在進入大氣層及降落傘開啟後，用所有的頻道報告狀況。最後提醒他們在太空船著陸後，不要自己將太空船的艙門打開，必須等到接應人員到達後，由外面替他們將艙門打開。這是因為他們在無重力的太空生活了二十多天之後，太空專案管理局不知道他們的身體狀況是否適合自行活動。

我們地球見！

聯盟十一號太空船與致敬一號太空站分開之後，在軌道中又運行了三圈，然後在六月二十九日午夜一點卅五分（格林威治時間），任務指揮官度布羅甫斯基向太空專案管理局報告，他即將啟動減速火箭。這是開始返回地球的第一步。

「好的，再會，我們在地球見。」太空專案管理局的飛航管制員很簡單的回答。

「是的，我們地球見，我要開始調整方向了。[2]」度布羅甫斯基回覆。這是聯盟十一號太空船最後一次與地面的通話。

地面的飛航控制中心根據聯盟十一號太空船自動傳回來的資料，知道太空船的減速火箭點燃並燃燒了一百八十七秒，讓聯盟十一號太空船開始離開軌道，並向地球下降。十二分鐘之後，在一點四十七分時，遙傳來的資料也顯示聯盟十一號太空船已將銜接艙與動力模組拋棄，通常這時太空人會將這個情況向地面報告，但這次地面卻沒有聽到任何回報。這時地面還只是認為進入大氣層在即，太空人在緊張的情緒下而沒有通話，因此並沒有認為有什麼不對。

幾分鐘之後，聯盟十一號太空船順利進入大氣層，根據遙傳資料顯示，指揮艙頂端的降落傘也在這時開啟，指揮艙的下降速度明顯地開始減緩。太空專案管理局的飛航管制員曾很明白的指示太空人，在降落傘張開之後，該用所有的頻道報告狀況，但是所有監聽通話單位都沒有聽到聯盟十一號太空船的狀態報告。

沉默的太空人

這時飛航管制員沈不住氣了，他們開始呼叫聯盟十一號太空船，但除了無線電中靜電的聲音外，他們沒有聽到任何聲音。太空專案管理局裡的人心中有了不祥的預感，覺得一定是出了意外，但又不知道確實發生了什麼事情。

一點五十四分時，預計落地地點附近的雷達發現了聯盟十一號太空船的蹤影，它還是在預定的下墜曲線上。這時太空專案管理局認為很可能是太空船的通訊設備故障，因此無法發話。

2太空船進入大氣層之前會調整方向，以背部面對地面，因為背面有防高熱的設備。

一架在降落地點空中待命的直升機於二點五分目視在降落傘下的聯盟十一號太空船。於是它就跟隨著降落傘飛行，並指示地面的接應隊伍由地面前往降落地點。

聯盟十一號太空船於二點十八分在哈薩克斯坦中部的傑茲卡茲甘（Dzhezkazgan）以東兩百公里處著陸，直升機隨即落在它的旁邊。

地面接應人員趕到聯盟十一號太空船旁邊，敲了幾下艙門，但是裡面沒有任何反應，他們由小窗往裡面看去，只見那三位太空人還坐在各自的位置上。這時接應人員還認為他們是因為在無重環境下太久，頓時回到地球時，連舉手的力量都沒有了。

接應人員很快就將太空船的艙門由外部打開。當他們探頭往裡面看時，卻看到令人驚嚇的一幕，三位太空人靜靜的坐在那裡，臉上有幾塊深藍色的斑點，耳朵及鼻子都在流血，三人已沒有任何生命的跡象。

「他們都死了！」第一個看到這個慘狀的接應人員發出了悲戚的喊聲。

其他人一湧而上，見到三位太空人的情況也都嚇住了，但他們很快就動手將三人抬出太空艙。這時他們發現指揮官度布羅甫斯基的身體還有微溫，於是他們趕快替他做心肺復甦的急救，然而卻無法將他搶救回來。

經過醫師驗屍後發現，三人都是死於「缺氧」。醫師認為在返回地球的途中，指揮艙一定有個地方突然漏氣，內部的壓力外漏，使三位太空人頓時沒有氧氣供應，於是在很短的時間內全數死亡。

這實在是個相當離譜的意外，尤其是過去這些日子蘇聯一直宣揚致敬一號太空站的光輝成就，現在要如何面對如此悲慘的結局？因此，蘇聯在發布這則意外事件的消息時相當低調，刻意的不去提及三位太空人的死亡原因。

儘管蘇聯非常低調地處理這個悲劇，但全世界都為這個意外事件感到震驚。美國總統尼克森（Richard Nixon）除了發唁電給蘇聯總書記布里茲涅夫（Leonid Brezhnev）之外，也公開表示追悼與惋惜。美國國家太空總署也派出太空人史泰佛（Tom Stafford）前往莫斯科參加三位太空人的國葬儀式。

三人是在極度痛苦中喪生

既然蘇聯沒有公布三位太空人的死因，航太界許多單位，尤其是航醫部門，開始揣測三位太空人的死因。美國國家太空總署的太空載人飛行辦公室（Office of Manned Space Flight）生命科學部門副主任瓊斯醫師（Dr. Walton Jones）就公開表示，這個悲劇該是太空船急速洩壓的結果。他認為如果太空船與外界之間的一個活門意外開啟，或是太空船的外殼破裂，都可能造成急速洩壓。這種情況下，太空人將無任何反應的時間。

其實，瓊斯醫師的判斷非常正確。事件發生兩年之後，蘇聯太空專案管理局終於將慘劇發生的原因公諸於世。原來在六月二十九日午夜一點四十七分，聯盟十一號太空船進入地球大氣層之前，將銜接艙與動力模組拋棄時，指揮艙與動力模組之間的兩個爆炸螺栓應該是「先後爆炸」，以便將兩個艙分開。沒想到它們卻是「同時爆炸」，爆炸所產生的震動力，將指揮艙與銜接艙之間一個原本沒關緊的活門震

雖然政府將聯盟 11 號的三位太空人風光大葬，但其實這次悲劇是可以輕易預防的。
（Credit: SPUTNIK/Alamy Stock Photo）

開。

按照設計，被震開的那個活門應該是在四千呎（一千兩百二十公尺）高度自動打開，將太空船內部的空氣與外界相通，平衡壓力。但是當活門在十六萬八千呎（五萬一千兩百多公尺）的高度開啟時，太空船內部的空氣在極短的時間內就漏光，讓太空船內部頓時變成真空。太空人體內的血液及水份在真空環境裡很快的汽化，將血管爆破，三位太空人於一分鐘之內都在極度痛苦中喪生。

知道導致悲劇的原因之後，立刻有許多人指出這完全是個可以預防的意外：如果太空人當時是穿著太空衣的話，那麼三位太空人絕對不會窒息而死。而相當諷刺的是，蘇聯的太空人在過去八年中曾不斷向上級建議，讓他們於升空及返回地球時穿著太空衣。然而，主管蘇聯太空計畫的米申（Vasily Mishin），卻以「穿著太空衣的話會佔去太多空間」而否決了這個建議。他甚至對太空人們說：「我不會讓懦夫進入我的太空艙！」。

這種將**意識形態凌駕於科學之上的心態，正是導致此次意外的原因之一**。

為避免聯盟十一號太空船的意外事件重演，蘇聯太空專案管理局決定在日後的太空任務中，於發射與重返地球的過程中所有太空人都將穿著太空衣。但這就必須把聯盟號太空船重新設計。在設計太空船的過程中，為了讓致敬一號太空站持續留在太空而不至於掉下來，蘇聯太空專案管理局於當年七月以遙控方式將致敬一號太空站送到較高層的地球軌道，免得它因軌道衰減，過早進入大氣層而墜毀。[3]

然而，重新設計太空船的時間超過預定時間甚久，致敬一號太空站終究沒能等到聯盟十二號太空船升空：它在當年十月燃料即將用罄，為避免它在墜入地球時落在人口聚集的地方，蘇聯太空專案管理局在燃料用盡前，於十月十一日將減速火箭啟動，讓它在進入大氣層後墜入太平洋。

這個人類的第一個太空站，就這樣結束了它短短的一百七十五天任務。

3軌道衰減的意思是，在軌道中運行的物體終會因地心引力的影響，而降到低層軌道。

聯盟號太空船經過重新設計及改進後，到今天依舊擔任往返太空站的重任，尤其當美國太空梭除役後，聯盟號太空船竟是世界上唯一可往返太空站的交通工具。它的低廉成本及可靠性，讓它在服役五十年後仍然活躍在航太舞台上。

失事的太空梭上有我認識的人！

挑戰者號太空梭

……我在失事後不久到卡拉維爾角出差，曾看到由海中撈起來的殘骸碎片，不自覺地想到太空梭爆炸後，那七位罹難者……墜向大海。而在失事前不久，我才剛認識七位太空人中的蕾絲妮克博士，一位聰明幹練的工程師，擅長找出問題癥結，用簡單的方法將複雜的工程問題解釋的清清楚楚……

本書作者王立楨

二〇一七年二月三日，國際太空站（International Space Station）上的一位美國太空人金布羅（Shane Kimbrough），在推特網站上貼了一張照片，是一顆足球飄浮在太空站的窗口前，並註明：「此球屬於艾利森．鬼塚（Ellison Onizuka）的愛女，她是一位足球選手。鬼塚帶著它在不幸的那天登上挑戰者號太空梭。」（This ball was on Challenger that fateful day. Flown by Ellison Onizuka for his daughter, a soccer player.）。

相片發表之後，立刻受到許多人的注意。原來鬼塚的大女兒是德州休士頓清澈湖高中（Clear Lake High School）的足球校隊，在鬼塚乘挑戰者號太空梭執行最後一次任務之前，他的大女兒曾央求他帶著這個由所有足球校隊隊員簽名的足球進入太空。沒想到挑戰者號太空梭就在一九八六年一月二十八日升空那天失事，所有組員罹難。而這個足球竟奇蹟似的躲過了這場巨難，隨著殘骸下墜，被搜救人員於大西洋上撈起，然後送回清澈湖高中。[1]

三十年之後，二〇一六年間，金布羅的兒子正巧也是清澈湖高中的學生。金布

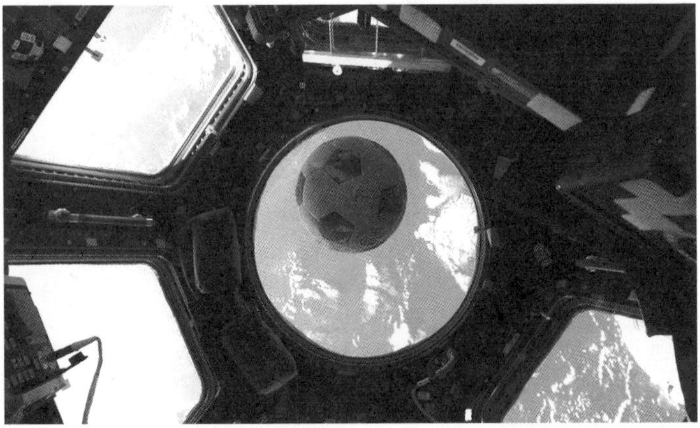

美國太空人金布羅於 2017 年將這顆足球帶上太空，替一位 30 年前出任務殞命的太空人前輩完成了心願。（圖／NASA 攝影／Shane Kimbrough）

羅有次去兒子的學校，在學校的展示室裡看到那顆足球，知道了它的故事之後，就向學校表示他即將在當年十月進入太空，前往國際太空站進行為期一百七十三天的太空任務，他願意將那個足球帶到國際太空站，也算是為鬼塚完成他最後的心願。

於是那個足球從大西洋中被撈起來的整整三十年之後，它終於在二〇一六年十月十九日搭蘇俄的聯盟 MS-02 號（Soyuz MS-02）太空船進入太空。這次的升空過程非常平穩順利，也沒有引起太多媒體的報導。

時光倒流三十年

相較於這次的升空，三十年前的那次發射，不但在事前吸引了不少人的關注，

1 清澈湖高中距離休士頓的詹森太空中心非常近，許多學生的父母都是太空人或受雇於太空總署。

發射時的災難更成了震驚全球的頭版新聞。那次太空梭是太空總署為了宣傳太空梭的安全與便利，於是安排了一位女老師搭乘太空梭升空，計畫讓她在太空中對全國學生授課，希望藉此引起學生們對太空的興趣，而在進入大學之後研讀理工科系。然而，讓當年那些學童們牢記在心中的，卻是電視螢幕上太空梭爆炸的影像。

事發三十五年後的今天，當我（筆者）要寫挑戰者號太空梭失事的原因時，心中依然沈重。因為我在失事後不久到佛羅里達州卡拉維爾角（Cape Canaveral）出差時，曾遠遠看到由海中撈起來的殘骸碎片。望著那些碎片，我不自覺地想到在太空梭爆炸後，那七位罹難者是在多麼驚恐的心情下，隨著太空梭的座艙部分墜向大海。

而想到那七位太空人，我更感到痛心，因為在失事前不久，我才剛認識那七位太空人中的蕾絲妮克（Judith Resnik）博士。她是一位相當聰明及能幹的工程師，可以在極短的時間內將一個問題的癥結找出，更能以很簡單方法將複雜的工程問題解釋的相當清楚。我為她的犧牲感到非常惋惜。

在挑戰者號太空梭失事後，我心中有著與一般大眾相同的問題：太空梭真有如國家太空總署所說的那麼安全嗎？

方便好用的太空交通工具

其實，國家太空總署在一九六九年七月美國太空人登陸月球之前，就已有了太空梭的構想。這是因為美國空軍及國家太空總署都覺得日後他們需要進軍太空的機會只會越來越多，然而每次發射一枚人造衛星，或是送人進入太空，都必須使用一個所費不貲的火箭。火箭不但造價昂貴，還不是隨要隨有，製造過程曠日費時。如果能夠有一種可以像飛機一樣自由往返、穿梭於太空的「太空梭」，它可以帶著人造衛星進入低層太空軌道[2]，將衛星在太空軌道中施放，也可以將故障的衛星由太

[2] 低軌道沒有公認的嚴格定義。一般高度在兩千公里以下的近圓形軌道都可以稱之為低軌道。

空軌道中收回，帶回地球進行維修。這樣不但可以隨時往返太空，更可以大幅減低國家太空總署的整個作業費用。

國家太空總署對太空梭的構想，是一個具有機翼的太空船。本身有火箭引擎提供推力，這個火箭引擎是使用液態氫及液態氧作為燃料，燃料儲存在一個巨大的外油箱（External Tank）內——這個外油箱比太空梭本身還要大，就安裝在太空梭的機腹下。

太空梭發射升空時，這個外油箱的兩側，另外各掛有一具可以重複使用的固態火箭推進器（Solid Rocket Booster）[3]。這兩個固態火箭推進器中的燃料雖然僅夠持續燃燒兩分多鐘，但卻可以在這短短的時間內，將太空梭推到十五萬呎的高空。等到燃料用罄後，兩個固態火箭推進器隨即被拋棄。此時太空梭繼續以自身的火箭引擎推動，不斷爬高，直到太空梭進入太空軌道前，太空人才將火箭引擎關閉，並將外油箱拋棄。

這個巨大的外油箱被拋棄後，會先在太空中飄浮一陣，接著逐漸在地球引力影響下重返地球，進入大氣層時與空氣摩擦產生了高溫，然後自行燒毀。而先前在大氣層內被拋棄的那兩個固態火箭推進器，在墜落到一萬呎的高度時，位於火箭推進器頂端的降落傘會自動打開，讓火箭推進器減速後落在大西洋，附近早有船隻待命，隨即將兩具固體火箭推進器拖回陸地重整並添加燃料，就可以在下一次的太空梭任務當中使用。

三家廠商拿到合約

一九七二年八月，國家太空總署與洛克威爾公司（Rockwell）根據以上的構想，

3 固態火箭推進指使用的是固體燃料，太空梭發射時，機身底下是巨大的外油箱，外油箱的左右各有一具固態火箭推進器，這種火箭推進器一旦點燃啟動之後，就無法停止，會一直燃燒到裡面所裝的固體燃料完全用罄。至於那個巨大的外油箱則是一次性使用，燃料用罄後被拋棄，不會重複使用。

第一架太空梭在一九七九年完成，由一架波音 747 飛機飛送至美國佛羅里達州的甘迺迪太空中心。

簽下了一架太空梭測試機及兩架實體機的合約。摩賽（Morton Thiokol）公司與馬瑞（Martin Marietta）公司則分別拿到了製作固態火箭推進器及外油箱的合約。這是國家太空總署邁向穿梭太空時代的第一步！

第一架太空梭哥倫比亞號於一九七九年三月八日於加州洛克威爾公司的帕姆德爾（Palmdale）裝配廠完工出廠，並在同年三月二十四日，馱裝在一架波音七四七飛機的上端，飛送到佛羅里達州卡拉維爾角的甘迺迪太空中心。國家太空總署在那裡對太空梭進行了為期半年的測試及準備。至於發射進入太空的處女航日期，則是訂在當年底聖誕節前夕。

然而，真是計畫趕不上變化。太空梭上的三具RS-25火箭引擎及重返地球時的防熱系統不斷出狀況，導致發射日期一再後延。一直到一九八一年四月十二日，哥倫比亞號太空梭才由楊約翰（John Young）及克里本（Robert Crippen）兩人操控下升空，這已是太空梭抵達甘迺迪太空中心兩年多之後！

太空梭的第一次任務，整個過程無論是由卡拉維爾角發射，或是兩天之後在加州愛德華空軍基地（Edward Air Force Base）落地時，都吸引了數百萬的觀眾在現場及電視機前見證這歷史的一刻。這是繼一九七〇年阿波羅十三號的太空意外事件之後，太空行動再度成為頭版新聞。

可以出任務了

這一次短暫的兩天太空之旅，除了太空梭底部有幾塊防熱片於發射時脫落之外，其餘一切都算正常。國家太空總署在哥倫比亞號安全落地後宣

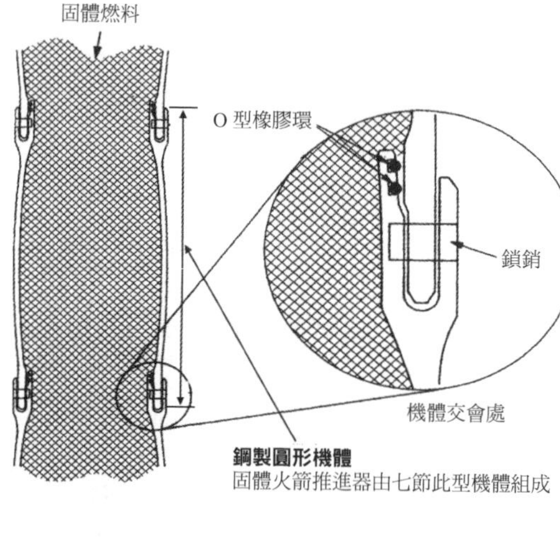

此圖可見到 O 型環在固態火箭推進器上的位置。

布，經過例行的飛行後檢查及維護，這架太空梭隨時可以執行下一次任務。一般民眾也都相信，太空梭真的就像飛機一樣，可以任意往返太空。雖然國家太空總署表示太空梭只要經過例行保養維修，可以很快的執行下一次任務，但事實上第一次任務結束後，整整等了七個月，太空梭才於當年十一月十二日再度進入太空。

哥倫比亞號太空梭第二次完成太空之旅返回地球後，馬歇爾太空飛行中心（MSFC, George Marshall Space Flight Center）[4]的技工在檢查由海上撈回的固態火箭推進器時，發現火箭推進器機體交會處，為防止高溫火焰外洩的O型橡膠環，出現了被燒過的痕跡。

這意味著，固態燃料在火箭內部燃燒時，高熱的火焰已經觸及到O型橡膠環。

---

4 馬歇爾太空飛行中心位於阿拉巴馬州的亨斯維爾市，是美國政府的民用火箭和太空飛行器推進研究中心，在太空梭的專案中，該太空中心的責任是監督固態火箭推進器及RS-25火箭引擎的研發及製作。而固態火箭推進器本身是由七個火箭機體所組成，在每一截火箭機體交會處都裝設有O型橡膠環，用來防止火箭內部的高熱氣體及火焰外洩。

從另個角度看，這也表示火箭機體交會處在火箭發射時曾因震動而產生隙縫，而在火箭內部燃燒的高熱火焰，經由那些隙縫觸及到 O 型橡膠環。還好那隙縫很快就閉合，否則若把橡膠環燒穿，高熱的火焰外洩，就絕對會導致災難性的後果。

馬歇爾太空中心主管固態火箭推進器的專案經理馬洛伊（Lawrence Mulloy）將他們發現的現象寫成報告，通知國家太空總署。並將這個 O 型橡膠環在整個任務的重要性由 1R 級改成 1 級（Critically 1R 改成 Critically 1，）[5]——可能導致任務失敗或人員傷亡的重大等級。

工程人員提升了 O 型環的重要等級，此舉想要表達的意思是：雖然在設計上有第二道 O 型橡膠環當做備援的保險措施，但當工程師們看到第一道 O 型橡膠環燃燒的狀況後，他們認為第二道 O 型環已經無法防止意外的發生。

問題一開始都不是問題

國家太空總署主管太空梭專案的官員們並沒有很在意這個O型橡膠環的問題。他們最在乎的是如何讓太空梭維持計畫中的出勤時間表。因為國家太空總署曾對國會誇下海口：有了太空梭，施放人造衛星及在太空中進行諸多實驗的價格會大幅降低。因此每一個會計年度都應當盡量使用太空梭進入太空執行勤務，才能把每次任務的平均費用降低，而彰顯出它的價值。

一九八二年七月四日美國國慶，當天哥倫比亞號太空梭完成了第四次的測試飛行，降落在愛德華空軍基地的跑道上。雷根總統與夫人親臨現場迎接太空人麥丁利（Ken Mattingly）及哈斯斐爾德（Henry Hartsfield）歸來。國家太空總署趁著這個機會宣布：太空梭的測試過程已結束，正式進入正常運作階段。

---

5 Critically 1表示如果這個零件損壞失效，將會導致整個任務的失敗及人員傷亡。Critically 1R中的R是代表Redundant（備用），表示系統中有第二道備用的零組件。

所謂的正常運作，就是開始執行當初在構想階段所設想的那些任務。於是在下一次的任務，亦即一九八二年十一月十一日當天，哥倫比亞號太空梭就在它的貨艙內攜帶了兩枚商業衛星升空，並在進入太空後，成功的將那兩枚人造衛星送進預定的軌道。

放寬標準，不就達標了嗎

然而任務成功並不代表太空梭完美無瑕。任務結束後進行檢查時，技師們發現固態火箭推進器上的O型橡膠環，再度顯示出燃燒過的痕跡。

更驚人的是，在後繼的幾次發射中，不但第一道O型橡膠環有被燒過的痕跡，有幾次竟然連第二道O型橡膠環都顯示曾經被火焰觸及。面對這樣的狀況，國家太空總署總算有了行動，但是並非下令重新設計這個環節，**而是用玩弄文字及法規的方法，將這一個工程師們認為會嚴重影響任務成敗的缺點，變成一個可以接受的**

風險！

國家太空總署指出，在所有被高溫火焰觸及到的O型橡膠環中，最嚴重的一個也只有零點零五三英吋（0.053 英吋，約 0.13 公分）的燒痕（按，O型橡膠環的截面積直徑，是零點八公分），那是在第二次太空梭的任務後所發現的，而那次當然是一次成功的任務。根據上述的數據，國家太空總署覺得既然「最嚴重」的O型橡膠環燒傷情況，也沒有造成任何意外，因此認定O型橡膠環被高溫火焰燒傷是正常的現象。只要火箭內部的高溫火焰及氣體外洩時，不要將火箭機體交會處的O型橡膠環燒穿，就是一個可以接受的風險。國家太空總署更進一步的用電腦程式算出，只要燒痕是在零點零九〇英吋（0.090 英吋，0.23 公分）之下，都算是「可以接受的燒痕」，並將這一個「極限」寫進法規。

這種思維看似合理，但是從系統安全性的觀點來看，卻是極度草率的決定。因為一旦火焰觸及O型橡膠環，燒到什麼程度是完全無法控制的狀況。這對一個被設定為 Critically 1 的系統來說，是極端不負責任的做法。

要的是民意

一些了解國家太空總署運作的人都知道，管理階層真正在乎的是太空行動在民眾心中的觀感比重，因為唯有民眾的支持，代表民意的國會才會繼續撥款，讓國家太空總署能持續進行太空活動。

為了能贏得更多民眾的支持，國家太空總署在一九八三年六月十八日安排第一位美國籍女性太空人莎莉・萊德（Sally Ride）博士，搭乘挑戰者號太空梭進入太空。一個月之後，又將美國空軍中校布魯福特（Guion Bluford）以挑戰者號太空梭送進太空，使他成為第一位進入太空的美籍非洲裔人士。然後在一九八五年一月二十七日，來自夏威夷的日裔美人鬼塚承次（Ellison Onizuka）搭乘發現號太空梭進入太空，成為第一位進入太空的亞裔美人。6

一連串的將少數族裔送進太空的操作，確實引起一般人對太空的興趣。即使遠在太平洋彼端的台灣，也曾因為華裔的王贛駿博士於一九八五年四月二十九日搭乘挑戰者號太空梭進入太空，而引發許多青少年決定以航太科技為大學的主修科目。

眼見著太空梭自由的往返太空，許多社會名流如電視新聞台主播、好萊塢明星及一些富商，紛紛詢問國家太空總署，有無可能讓他們搭著太空梭去體驗太空生活。他們表示，以自己的知名度與人氣流量，搭太空梭進入太空後，絕對可以刷一波「太空熱」。

面對如此眾多熱衷於太空旅遊的詢問，國家太空總署將這問題轉給上級，免得自己得罪那些被拒絕的人。這個問題於是就在宛如迷宮一般的官僚體系當中，一層又一層上轉，最後落在雷根總統的辦公桌上。

---

6 第一位進入太空的女性是蘇聯的泰勒斯可娃（Valentina Tereshkova），她於一九六三年六月十六日以東方六號（Vostok 6）太空船進入太空。第一位進入太空的非洲裔是來自古巴的孟德斯（Arnaldo Tamayo Méndez），於一九八〇年九月十八日搭乘蘇聯太空船進入太空。第一位進入太空的亞裔是越南籍的范遵（Ph m Tuân），他在一九八〇年七月二十三日搭蘇聯聯盟三十七號太空船進入太空。

絕佳公關代言人

雷根總統與他的顧問們商量過後，於一九八四年八月二十七日在白宮公開了「太空教師計畫」（Teachers in Space Project），為了激起學童對太空與科學的興趣，將首度甄選一位老師隨太空梭進入太空，並在太空中對全國的中小學生講授太空知識。

挑戰者號太空梭的組員由左至右，前排：太空梭飛行員史密斯、任務指揮官史寇畢、任務專才人員麥克內爾。後排：任務專才人員鬼塚、太空教師麥考利芙、酬載專才人員賈維斯、任務專才人員蕾絲妮克。

消息一經公布，立刻引起全國老師的熱烈迴響，有四萬多名老師報名參加甄選。經過多層嚴格的篩選之後，副總統布希於一九八五年七月十九日在白宮宣布，來自新罕布夏州、任教於康科德高中的麥考利芙（Christa McAuliffe）老師，獲選為第一屆太空教師。

麥考利芙被選上之後，隨即與備選的摩根（Babara Morgan）女士一起前往休士頓太空中心開始接受進入太空的訓練。根據國家太空總署的安排，麥考利芙將在一九八六年一月搭乘挑戰者號太空梭升空，該任務代號是STS-51-L。

這個任務的代號也是有典故的。最早的時候國家太空總署是按照發射的順序來設定任務代號，如第一次太空任務的代號就是STS-1（STS是太空運輸系統的縮寫，Space Transportation System）。這種任務編碼方法一直用到第九次任務STS-9，當時的太空總署署長拜格斯（James M. Beggs）眼看著馬上就要編到STS-13號了，而他也沒有忘記差點釀成巨災的阿波羅十三號事故。為了避免再度用到13這個不吉利的數目，他就設計了一套特別的算法，來擺脫原來命名代號：用發射年份的最後一個數目，加上發射地點，及英文字母順序來代表發射順序。所以按照新的編碼方式，第十次任務將在一九八四年二月由甘迺迪太空中心發射，它的任務代號就是STS-41-B（第九次任務是在一九八三年十一月發射，當時已進入一九八四會計年度，屬於該會計年度第一次發射）。[7]

麥考利芙在受訓的期間，曾被請到美國幾個著名的脫口秀去談她對前往太空的看法。當被問到她心中對這件事是否感到恐懼時，她回答說：「完全沒有！相反的我認為搭乘太空梭進入太空，其實要比在紐約過馬路還要安全。」

她的這番話，正是國家太空總署想對外散佈的訊息！只不過聽在STS-51-L任務指揮官史寇畢（Dick

STS – 4 1 – B
發射順序，B 代表會計年度第 2 次
發射地點，1 代表甘迺迪太空中心，2 代表凡登堡空軍基地
發射年度的最後一個數字，4 代表 1984（會計年度，1983 年 10 月到 1984 年 9 月）
Space Transportation System，太空運輸系統

太空梭的發射代號說明。

Scobee）耳裡，卻不是那麼一回事。他覺得身為任務指揮官，他有必要讓麥考利芙知道：嚴格說起來太空梭仍在測試的階段，每次發射都承擔著相當的風險。於是他找了個機會告訴麥考利芙，一般民航機要經過上百次的飛行測試之後，才會取得適航證書，但是當時太空梭一共才飛了二十餘次，雖然每次都是安全返航，但是絕對不是如她所認為的「比在紐約過馬路還安全」。

外人不會知道麥考利芙到底聽進去了沒有，但她並沒有因而退出這次任務。而當時持有與她同樣想法的人絕對不少，因為在她搭乘挑戰者號太空梭升空之前，有家保險公司為了打知名度，還免費送了一個一百萬美金的人壽保險合約給她！

---

7 在這一套新的編碼方式裡，發射的年度採用的是美國會計年度，由十月開始到次年九月。而發射地點則是以數字來顯示，例如1是代表由佛羅里達州的甘迺迪太空中心發射，2代表是由加州的凡登堡空軍基地（Vandenberg Air Force Base）發射，雖然太空梭從來沒有在那裡發射過。挑戰者號太空梭失事之後，這個新的命名方法當然也隨之被取消，回復到原來的方法。

菁英組員上場

這次的任務指揮官史寇畢原是空軍的試飛員，有七千小時的飛行經驗，飛過四十五種飛機，於一九七八年被甄選成為國家太空總署的太空人。他曾在一九八四年四月擔任挑戰者的飛行員進入太空，這次任務是他第二次進入太空。

擔任挑戰者號太空梭飛行員的是海軍上校史密斯（Michael Smith），他之前也是一位試飛員，有四千六百多小時的飛行經驗，飛過二十八種飛機，於一九八〇年獲選加入國家太空總署太空人的陣營。這是他第一次太空飛行。

除了以上兩位直接負責操控太空梭的太空人，任務組員中有三位是任務專才人員（Mission Specialist），分別是空軍中校鬼塚承次、蕾絲妮克博士及麥克內爾（Ronald Erwin McNair）博士。他們是被國家太空總署太空人辦公室指派到挑戰者號太空梭，負責在太空中執行一系列科學測試。當然，這次任務中最引人注目的就是麥考利芙老師，她與另外一位賈維斯（Gregory Jarvis）在這次任務中的身份是酬載專才人員（Payload Specialist）。8

挑戰者號太空梭原本預定在一九八六年一月二十六日星期天發射，但預定發射日當天清晨的天氣預報顯示，卡拉維爾角在太空梭升空的那段時間會降下大雨。大雨不會影響發射，況且太空總署也有在雨中發射過火箭的紀錄，但這次太空總署知道了大雨預報之後，卻決定將發射日期順延到次日。

七位太空人並沒有因為發射延期而有太大的失望，因為當天正是美式足球超級盃的總決賽，大家正好趁著這個機會守在電視機前，觀看這年度大賽。不過在當晚球賽結束後，有幾位太空人開始抱怨，原因是那場預報中的雨並沒有下，而他們所

8 任務專才人員（Mission Specialist）與酬載專才人員（Payload Specialist）不同點是：任務專才人員是經過甄選後進入國家太空總署，接受訓練後成為太空人。而酬載專才人員是因為外界的需要，將指定人員送進國家太空總署訓練。如此次STS-51-L任務中的麥考利芙是政府送進國家太空總署，而賈維斯是休斯公司的工程師，為了施放一顆由休斯公司承作製造的軍用衛星，而被休斯指派進入國家太空總署接受太空人訓練，並隨行施放及臨場測試那枚衛星。

支持的新英格蘭愛國者球隊（New England Patriots）也沒有贏。

第二天（一九八六年一月二十七日）一大早，麥考利芙起床後第一件事就是詢問天氣狀況，當她知道天氣符合發射標準後，興奮地大聲尖叫，她的夢想即將成真。

全體組員經過最後的一次任務提示後，列隊走出太空中心大樓，在眾多送行者的歡呼聲中，搭車前往三十九號發射台。

一切都進行的非常順利，在洛克希德公司地勤人員的協助下，所有太空人進入了太空梭。然而就在即將關閉太空梭的艙門時，卻發生了一個意料之外的狀況：艙門的拴鎖無法順利鎖上！在場的工程師立刻決定將鎖拆下，換將一個備份鎖裝上。然而當技師拿出工具箱裡的電動工具時，又發現電池沒電，等到另一個電池終於送到艙門旁邊時，「發射窗口」[9]所剩的時間已經很少了。因此國家太空總署決定再度將發射順延到次日。

最後的晚餐

當晚，所有任務組員及前來相送的家人相聚在太空中心海邊的一棟別墅裡晚餐，有人戲稱那是「最後晚餐」，可是任務指揮官史寇畢卻笑說，他相信明天此時，現場所有人依舊會前來這裡用餐，因為他查過第二天的天氣預報，氣溫將降至冰點以下的華氏三十度（攝氏負一度，當地一月及二月平均低溫約在攝氏十五度左右）。國家太空總署從來沒有在如此低溫的情況下發射過火箭，因此他認為明天的發射勢必後延。

史寇畢只說對了一半。第二天氣溫的確將降到冰點以下，太空梭也確實從未在

9 發射窗口是指最適合發射火箭或太空梭的一段時間。如果未能在此「窗口」發射，則必須等待下一次的發射窗口。

這種低溫下發射過。但他不知道的是，就在他們晚餐的時候，國家太空總署及馬歇爾太空飛行中心正在與摩賽公司的工程師們開會，討論固態火箭推進器在低溫下發射的問題。

這是因為在此之前三個月（一九八五年十月），摩賽公司工程師艾伯靈（Robert Ebeling）曾發出一個標題為「求救」（HELP）的電郵給國家太空總署及馬歇爾太空飛行中心，電郵中提及：先前九次太空梭發射，固態火箭推進器中的O型橡膠環有七次都出現了燒灼的痕跡，雖然燒痕沒超過先前國家太空總署所規定的上限，但是這終究是個相當嚴重的問題。他強烈建議，在固態火箭推進器內火箭機體交會處裝設的O型橡膠環重新設計之前，應該將太空梭停飛。

國家太空總署當然不可能接受他的建議，但是其中有幾位管理階層卻對那封簡訊印象深刻。因此這次挑戰者號即將在冰點以下的溫度發射時，有一位經理想到了那封簡訊。他趕緊找了摩賽公司駐甘迺迪太空中心的代表麥當勞（Allen McDonald）討論此事。麥當勞於是安排了一個電話會議，詢問摩賽公司的工程師們對在低溫發射太空梭的意見。

專業意見 vs. 客戶堅持

摩賽公司的工程師艾伯靈獲悉太空總署想讓挑戰者號太空梭在冰點以下的溫度發射時，立刻出聲反對。他說，O 型橡膠環測試的最低溫是是華氏四十度，因此摩賽公司沒有任何資料可以顯示 O 型橡膠環在低於這個溫度底下，會有什麼反應。摩賽公司負責固態火箭推進器的副總裁裘敏斯特（Joseph Kilminster）聽了艾伯靈的理由之後，向國家太空總署表示，他贊同艾伯靈的說法，並建議將發射延期到天氣回溫之後。

但在馬歇爾太空飛行中心主管固態火箭推進器的專案經理馬洛伊立刻反駁。他說：「天啊，我真不敢相信你做出這樣的建議，你要我們等到四月再發射？你不能只是提出建議，而沒有提供任何佐證資料，你要提出數據來證明『在如此低溫發射會失敗』！」

摩賽公司一下子被駁得啞口無言，無法提出這樣的證明，於是電話會議暫時停止，約好兩個小時後再繼續會議。

在這兩小時內，摩賽公司的工程師們匆忙的想找出任何可以證明「固態火箭推進器不可在那麼低的溫度下發射」的實質證據。但是他們卻只能找到有一次太空梭在華氏五十三度發射時，O型橡膠環有被燒過的痕跡，而且那次被燒的狀況並不是最糟的。

艾伯靈及他的同事伯斯黎（Roger Boisjoly）將所有可能證明他們觀點的證據都找出來，傳給國家太空總署及馬歇爾太空飛行中心。但是在後繼的會議中仍然無法滿足國家太空總署的問題，國家太空總署堅持要摩賽公司給出一個具體的溫度，並證明「在那個溫度以下發射，會導致災難性的後果」。

摩賽公司的工程師們心知肚明，如果他們有足夠的時間及經費去做一個低溫測試的話，他們絕對可以證明固態火箭推進器的O型橡膠環在如此低溫之下，一定會被燒穿，燒穿之後的後果絕對是無法想像的慘烈。但那天晚上，他們手頭上就是沒有這樣的具體資料。

這時摩賽公司副總裁裘敏斯特盤算一下，自己公司拿不出這樣的科學證據，而他也了解，國家太空總署是為了維持發射的時程才會給摩賽公司這麼大的壓力。為了滿足顧客的要求，他轉身對著艾伯靈及伯斯黎的經理隆德（Robert Lund）說：「你暫時摘下工程師的帽子，換上管理者的帽子，我們用這個角度來討論此事。」

公司再度開會討論這件事時，所有工程師都被屏除在門外，只有裘敏斯特、隆德及另外兩位經理在場。那兩位經理對此事沒有意見，而隆德在這種情況下也改變了他原先支持自己部下艾伯靈的立場，他轉從管理階層的角色重新考慮這件事：太空總署是公司的大客戶，況且他也實在無法證明在那種低溫下發射會出事。最後，他只好同意國家太空總署在次日低溫的情況下發射太空梭。

國家太空總署也知道此事關係重大，因此即使得到摩賽公司的口頭同意，還特別要求由摩賽公司發出一紙書面同意。

當摩賽公司副總裁袞敏斯特將同意發射的決定以傳真告知國家太空總署時，七位太空人已經就寢，他們並不知道自己次日的厄運，已在那一刻注定！

歡呼聲中升空

一月二十七日的夜裡，卡拉維爾角發射基地的氣溫驟然降到華氏十八度（攝氏零下七點八度），使得發射台及太空梭機身上結滿了冰。次日清晨太陽出來之後，氣溫也只回升到華氏二十八度（攝氏零下二點二度）。在這種溫度下，那些冰並沒有融化的跡象。發射基地主任見狀，除了派出人員前往除冰，也將發射時間後延兩小時，到上午的十一點三十八分。

上午十點，七位太空人帶著笑容離開太空中心，並揮手與聚在大樓前面的送行者道別。他們隨即登上一輛巴士，前往第三十九B發射台。

發射台上所有的工作人員都認為經過兩次的延期之後，這次應該會如期發射。

他們很熱情的預祝組員們有個愉快的太空之旅，一位工作人員還掏出一個蘋果送給麥考利芙老師，引起在場所有人的大笑，麥考利芙老師也笑著欣然收下。[10]

太空梭的艙門關妥之後，倒數時鐘顯示距離發射時間已剩下不足三十分鐘。地勤工作人員隨即撤離白屋——空橋與太空梭銜接的部份，內有測試儀器。挑戰者號太空梭準備上路了！[11]

當倒數時鐘指到負七秒時，太空梭本身的三具火箭引擎開始點火啟動，橘紅色的火焰由太空梭尾部的三個巨大噴嘴噴出，巨大的聲音連在兩英哩之外參觀台上的

10 送蘋果給老師是美國學校的一個傳統，源自開國時期有些貧苦學生無法負擔學費，而送給老師自家所種的蘋果。

11 倒數計時是由電腦控制，開始倒數的時間會因發射的火箭不同而有差異，有些火箭會由發射前三、四天開始。太空梭的倒數計時是由發射前六十小時開始。倒數時電腦持續檢查在發射前該準備妥當的事項，是否已在指定時間內完成，如果發現一樁沒有完成的工作，倒數時鐘就會自動停止，直到工作完成才會繼續倒數。

人們都可以清楚聽見。發射台底端有許多巨大的水管，就裝設在火箭引擎噴嘴及固態火箭推進器的噴嘴附近，在此時也開始對著發射台底端注水，這十幾個水管可在一分鐘內對著發射台底端噴灑出九十萬加侖的水（超過三百四十萬公升）[12]。倒數時鐘指到0秒時，兩具固態火箭推進器啟動，每具頓時產生兩百八十萬磅的推力，太空梭在本身火箭引擎的推力再加上這五百多萬磅的推力下，開始緩緩上升。但它速度增加的很快，固態火箭啟動後六秒，太空梭時速已達一百五十公里，衝過發射台的高度。

在參觀台上的人群看著太空梭帶著熊熊火焰衝進寒冷藍天的霎那，也爆出一陣掌聲。參觀台上有一群學生來自麥考利芙老師任教的學校，特地前來觀看太空梭升空，他們更是興奮的用照相機將這個值得紀念的瞬間記錄下來。

最大的夢魘

遠在兩千哩外，猶他州摩賽公司的幾位工程師及職員們也擠在公司員工咖啡廳裡，看著電視轉播的挑戰者號太空梭發射實況。與現場觀眾不同的是，那些工程師的心情都非常緊張，他們祈禱在發射後的兩分鐘之內不要發生任何意外，因為固態火箭推進器在發射兩分鐘後就會燃燒完畢。唯有等到太空梭將固態火箭推進器拋棄的時候，他們心中對於 O 型環的擔憂才能放下。

太空梭在發射後四十秒就通過音速，此時高度約一萬九千呎。在這同時，為了怕速度太快所導致的空氣壓力會影響到整個太空梭的結構，飛行員史密斯將火箭引擎的油門收到百分之六十五。二十秒之後太空梭通過三萬五千呎空層，速度已達到

12 對著發射台底端噴水的目的，除了保護發射台底端附近的地面裝備免受高熱的侵害，也是為了消音與減震：避免巨大的聲波碰到平滑的地面後，反射到附近的發射台鋼架，引起鋼架的共震，會造成損害。聲波也會使得管線爆裂，牆面出現裂痕，連結處鬆脫，而從這些裂縫流洩出來的東西又可能進一步造成火災。太空梭發射時噴出的大量白色煙霧，其實就是大量的水份所產生的水蒸氣。至於固態火箭噴出的高溫廢氣，則是從發射台另一側透過系統排出。

挑戰者太空梭發射七十三秒後爆炸。

一點五馬赫。

在這個高度空氣非常稀薄，速度所引起的空氣壓力就不再是個問題。此時休士頓的飛航指揮中心通知挑戰者號：「挑戰者，油門加滿。（Challenger, go at throttle up.）」

「聽到，油門加滿。（Roger, go at throttle up.）」這是挑戰者與地面的最後一次對話。

在摩賽公司咖啡廳裡看挑戰者號太空梭發射的一位職員是工程師艾伯靈的女兒，她見到挑戰者一直順利地往天際衝去，認為她父親所擔心的事並沒有發生，於是對父親說：「一切都很順利，您多慮了。」

「事情還沒結束……」艾伯靈緊蹙著眉頭，盯著電視銀幕，迫切地希望看到固態火箭推進器被拋棄的畫面，那才是太空梭發射成功的真正指標。

然而，艾伯靈剛說完那句話沒多久，銀幕上的太空梭突然爆出一陣火焰，然後完全隱身在一陣濃濃的、混亂的煙霧之中。兩個固態火箭推進器依舊頑固地拖著粗大的凝結尾向上飛，只是此時它們的路徑已經像是在空中亂竄了。

「哎呀！我的天哪！」一位女職員看著電視畫面尖叫了一聲。所有在場的工程師們沒有人說一句話，只是瞪著銀幕上那團白煙及兩個還拖著凝結尾亂飛的固態火箭推進器。他們都知道發生了什麼事情，只是不敢相信自己心中所恐懼的事，竟然真的發生了。

一個物體不會因為管理階層所說的一句話，而改變它的特質，從來不會！

現場的人不知道發生了什麼事

大多數站在參觀台上的人仰頭看著天上的那團尚未散去的白煙，卻不了解發生了什麼事。他們覺得這與之前電視轉播的太空梭發射情況很不一樣，但現在沒有任何官方的解釋，因此他們也不願意去相信自己所看到的景象。有幾位內行人互相低聲討論著，不敢將聲音放大，因為他們知道現場還有太空人的家屬在場。

他們雖然低聲討論著，現場擴音器中卻傳出休士頓太空中心公關部門發言人奈斯比（Steve Nesbitt）的聲音：「飛航管制員正在仔細檢視目前的狀況，顯然太空梭發生了嚴重故障，我們目前無法獲得任何太空梭傳回的資料。」

幾分鐘之後，擴音器中再度傳出奈斯比的聲音：「我們收到飛行動態部門傳來的消息，太空梭已經爆炸，飛航中心主任也證實了這個消息。我們正與搜救中心聯絡，看該如何展開搜救行動。」他說完這些話後，擴音器立刻消音。

這個時候國家太空總署下達緊急命令：休士頓太空中心的飛航指揮中心必須立刻將門鎖上，不准任何人進入或離開飛航指揮中心，也不准使用電話。所有值班人員必須立刻將電腦上的資料節錄下來。

國家太空總署遇上成立以來最大的麻煩，而這麻煩還真是自己找的！

十三人調查小組

面對全國人民對於真相的要求，雷根總統很快的在三天後的一月三十一日宣布，他指定尼克森時代的國務卿羅傑斯（William Rogers）組織一個獨立調查小組來調查這起意外事件。

羅傑斯是法律人，又長年從政，並不是科學家，也沒有航太方面的背景，因此許多人直覺認為由他主導太空梭的失事調查，是否政府想掩飾一些真相？事實上根據紐約時報記者桑格（David Sanger）事後調查發現，雷根總統在這個團隊開始調查之前，還真的告訴過羅傑斯，不管發現什麼，不要公開讓國家太空總署過於難堪。

羅傑斯在一星期內找了包括人類第一次登月的太空人阿姆斯壯、美國第一位女性太空人萊德博士、世上第一位穿音速飛行員葉格（Charles Yeager）及諾貝爾物理獎得主費曼博士（Richard Feynman）等十三位各方面的專才組成了獨立調查小組，立刻著手調查。

調查小組首先仔細的觀看由國家太空總署所提供、各個不同角度攝影機拍攝的發射影片。很明顯地看到，在固態火箭推進器點火之初，火箭的機體交會處曾冒出一縷黑煙。然後在發射四十八秒後，固態火箭推進器右下方曾出現閃光，發射五十八秒後可以看見右側固態火箭推進器出現的火焰，六秒鐘之後（發射後六十四秒）外油箱被固態火箭推進器的火焰波及。最後，太空梭在發射後七十三秒爆炸。

吹哨者

這些初步的證據顯示，固態火箭推進器就是事故的元兇。於是調查小組詢問國家太空總署，在這次事件之前，是否知道固態火箭推進器有潛在性的危險？

馬歇爾太空飛行中心主管固態火箭推進器的副經理羅賓固（Judson Lovingood）表示，他們知道固態火箭推進器機體交會處的 O 型橡膠環曾有被火焰燒傷過的痕跡，但在設計時工程師就考慮過這種風險，因此多放了一個 O 型橡膠環做為保險。

他更表示，在歷次發射的過程中，第一道O型橡膠環確實有燒灼過的痕跡，但第二道O型橡膠環卻從來沒有被火焰觸及到。

因為調查小組與國家太空總署之間的對話是在公開的場合進行，並有媒體在場做紀錄及實況轉播，所以當國家太空總署的系統分析員庫克（Richard Cook）在電視上聽到羅賓固的證詞時，他知道為了那冤死的七位太空人，自己必須挺身而出，揭開國家太空總署的謊言。因為他有足夠的資料顯示國家太空總署，尤其是馬歇爾太空飛行中心，在事前早已充分了解固態火箭推進器中O型橡膠環的問題，他更有資料顯示遠在一年多之前馬歇爾太空飛行中心就知道第二道O型橡膠環也曾被火焰波及過。

庫克將他所有關於O型橡膠環的資料，交給紐約時報記者博菲（Philip Boffey）。紐約時報當然不會錯過這個線索，便在二月九日的報紙上將O型橡膠環在挑戰者失事中所扮演的角色詳細地報出。

主持調查小組的羅傑斯見到紐約時報的報導之後，真的是氣炸了。因為在這之前他相當刻意地在維護國家太空總署的聲譽，而這篇報導卻揭穿了國家太空總署的謊言。於是在當天他就宣布：之後的所有會議都禁止媒體參加。

一刀斃命的證據

然而紐約時報這篇報導已像野火燎原似的在全國廣傳，許多基層員工見狀也紛紛將他們所知有關固態火箭推進器的內幕向媒體爆料。

在二月十日第一次閉門會議時，萊德博士就根據她所得到的一則訊息，詢問馬歇爾太空中心主管固態火箭推進器的專案經理馬洛伊，在發射的前一天晚上，摩賽公司是否曾因溫度太低而建議將發射日期延後。馬洛伊說他不記得有這件事。

這時，代表摩賽公司參加調查小組的麥當勞舉手發言（事發前一天他就是摩賽公司派駐甘迺迪太空中心的代表），他以沉著並堅定的口吻說：「我們公司確實曾經建議，不要在那天發射！」

他說完之後，全場沒有任何人說話。羅傑斯及馬洛伊兩人看著麥當勞，也沒有說什麼，但臉上卻露出憤怒的表情。羅傑斯這時已經有自覺，他再也無法替國家太空總署保持顏面了。

當天散會後，萊德博士與另一位調查小組成員、空軍少將庫廷鈉（Donald Kutyna）外出散步。萊德打開自己的記事本，拿出一張紙交給庫廷鈉，那是一張太空總署的內部文件。整個過程中，萊德一句話都沒說。

庫廷鈉少將打開紙條，見到上面有兩行阿拉伯數字，第一行的標題是「溫度」，下面是由華氏六十度開始，以每五度一行一直下降到華氏三十度。第二行標題是「彈性係數」，下面是對照由華氏六十度一直到三十度的彈性係數。

庫廷鈉少將立刻知道這是怎麼一回事了，原來那是O型橡膠環在不同溫度下的彈性係數。根據那個對照表，O型橡膠環在四十五度以下幾乎就沒有任何彈性可言。他猜想這該是摩賽公司內部的人透露給萊德博士的資料，而萊德基於信任將這資料交給他，一定有她不願意自己公布的原因，可能是她擔心由她公布，會危及她自己在太空總署內部的地位，或者會害到太空總署內部提供這份資料的人。[13]

那他該如何處理才不會使萊德難堪？他想了一下之後，決定將這份資料轉交給小組成員費曼博士，費曼一定知道怎麼處理。他約了費曼到家裡吃晚餐，席間他以他維修自己汽車的經驗說，天氣太冷時，車裡化油器的O型環就會失效導致滲漏。接著他問費曼：「教授先生，您覺得這跟我們面對的情況有沒有類似之處呢？」

費曼聽完並沒有說話。不過在下個星期的會議中，費曼博士拿了個O型橡膠環的樣本，在調查小組所有成員的注視下，將那O型橡膠環扭曲後浸到一杯冰水裡，幾分鐘後再將那個O型橡膠環取出，這時O型橡膠環竟無法回到原來的形狀。

接著費曼就像在教室裡教授學生一樣，解釋溫度與彈性之間的關係。然後他將

13庫廷納持守了他對萊德博士的承諾，始終沒有對外界透露他是如何取得那份關鍵的溫度／彈性係數文件。直到二〇一二年萊德博士去世後，庫廷納才承認，是萊德博士給他的。

話題轉到挑戰者號的固態火箭推進器，他表示在發射當天的低溫下，O型橡膠環在火箭機體交會處的凹槽中，已失去它的彈性，因此根本無法將火箭機體交會處密封。在這樣的情況下，固態火箭推進器內部高溫的氣體及火焰由機體交會處向外洩出，其實是可以預見的！

經過費曼博士的講解，整個事件的原委已經呼之欲出。羅傑斯這時也只好決定尊重專業，將這失事的真正原因查個水落水出，否則他不但無法再袒護國家太空總署，更會將他自己一生的清譽都賠進去。

有了這層認識之後，調查工作進行的相當順利。調查小組在當年（一九八六）六月六日將調查報告呈給雷根總統。

爆炸後組員還活著

這份兩百多頁的報告先是詳細描述意外發生的過程：當天在固態火箭推進器點

火的瞬間，影片上可以看到一縷黑煙由火箭機體交會處冒出，那就是因為O型橡膠環在低溫下失去了它的彈性，因此火箭機體之間並沒有完全密封密合，火箭內部的高溫氣體由間隙洩出，將兩道O型橡膠環燒穿，黑煙就是O型橡膠環被燃燒時所產生的氣體。而此時固態火箭推進器的火焰並沒有外洩，原因是固體燃料在燃燒後所產生的氧化鋁在這個時間點意外地將空隙堵住了。

太空梭本可藉著這個小的「意外」，而躲過失事的厄運。但偏偏就在發射後三十七秒時，太空梭遇到一陣強烈的風切[14]。這是在歷次所有太空梭發射過程中，最嚴重的一次風切狀況。這個風切所引起的強烈震動，竟將那堵住空隙的氧化鋁抖開，因此火焰開始由固態火箭推進器火箭機體交會處洩出，幾秒鐘之後外洩的火焰

14 風切是在相對的空層裡，風向及風速急遽的變化。例如一千呎以下是吹南風，一千呎以上吹北風，飛機在經過這一千呎空層時，所經歷的現象就是「風切」或稱「風剪」。

燒到固態火箭推進器旁邊的外油箱，將外油箱的外殼燒化，油箱內的液態氫外洩並開始燃燒，幾秒鐘後引起爆炸，太空梭在爆炸的威力下解體。

根據電腦模擬的資料，太空梭的組員座艙在解體過程中，曾經歷過二十個G的重力，在如此大G力之下，所有組員照理論來說應該當下就喪失了知覺。但是由太空梭的殘骸中發現飛行員史密斯、蕾絲妮克博士及鬼塚三人的緊急逃生氣筒均已啟動，其中史密斯的氣筒直到墜海之前都在使用中。而史密斯的氣筒是在他座椅後面，不可能是他自己打開，因此該是坐在他後面的蕾絲妮克博士或鬼塚替他打開的。這證明在太空梭解體之際，至少這兩個人還是清醒的。

另外，史密斯右邊的儀表板上有幾個電氣系統的開關被撥動了，而且不管是爆炸或墜海的衝擊力，都不足以改變那幾個開關的位置。這意味著太空梭爆炸後史密斯還活著，且曾經嘗試恢復太空艙內的電力供應。

但在組員座艙墜海的那一霎那，任何尚有知覺的組員都會在那巨大的撞擊力下喪生。由太空梭解體到組員座艙墜海，是長達兩分四十五秒的自由落體式下墜，對任何在解體後尚存的組員來說，那是一段無法想像的悲慘過程。

調查報告繼而指出，這次意外事件的主因固然是固態火箭推進器火箭機體交會處的設計錯誤，但決定發射的過程也有相當的瑕疵，國家太空總署的官員刻意地忽略了工程師延遲發射的建議，也是造成此次失事的原因。

調查小組在報告中還做出許多建議，其中最重要的就是在太空梭恢復運作之前，固態火箭推進器的火箭機體交會處必須重新設計，務必消除任何火焰外洩的可能性。另外就是日後所有任務之前，任何與一級重要性（Critically 1）有關的會議，任務指揮官必須參加。這是因為調查小組的成員們認為，如果史寇畢能參加在一月二十七日晚上的會議，他一定不會同意在那麼低溫的情況下發射。

究責之後

太空梭專案經過兩年多的停擺，發現者號太空梭於一九八八年九月二十九日再度升空進入太空，那時摩賽公司已將固態火箭推進器火箭機體交會處重新設計，此後所有的太空梭任務中，O 型橡膠環再也沒有出過任何問題。

在挑戰者號太空梭出事前一晚代表國家太空總署開會，並施壓給摩賽公司的馬洛伊，在一九八六年七月申請提前退休。時至今日他依舊認為，當時摩賽公司沒有提供確鑿的證據可以證明固態火箭推進器在低溫下發射會造成意外，是他當時做出決定的主因。不過他對他的決定所造成的悲劇感到遺憾。

摩賽公司的艾伯靈及伯斯黎兩位工程師，因為挺身而出對調查小組說出國家太空總署施壓給摩賽公司的實情，引起公司內部高層人士對他們的不滿。那些高層主管覺得不該這樣得罪國家太空總署這個大客戶。此後公司開始刻意冷落他倆，讓他們在工作上處處不順。

在這種情況下艾伯靈提前退休，從此不過問任何有關工程的事。伯斯黎則決定辭職，離開公司之後開始在學術界及業界推動工程倫理。他應邀前往全世界的各大學對工學院的學生講授一個工程師在那種情況下，該如何做到對得起自己的良知，因為他知道，他在那天晚上「沒有做的事」，讓他終身懊悔。

挑戰者號太空梭的失事，證實了史寇畢在出發前對麥考利芙老師所說的話：太空探索基本上還是一個有著相當風險的行動。不過羅傑斯調查小組則指出，挑戰者號原是一個可以避免的悲劇。

在這次失事三十五年後的今天，放眼望去，我們周圍還是有許多相似的事件不斷的在重複，意外也持續地在發生。因為高層人士在做決定時所考慮到的多半是本身及公司的利益。至於基層任務執行者的安危，鮮少在他們的考慮之中。

這說明了人類在經驗中唯一所學到的教訓就是：我們沒有學到任何教訓！

高飛

最後，我以雷根總統曾引用的一首英文十四行詩《高飛》，來紀念那七位為探索太空而犧牲的英雄。原作者是小約翰·格里斯佩·馬吉，一九二二年六月九日生於中國上海，一九四一年十二月十一日於英倫空戰期間撞機身亡。這首詩曾被不少人翻成中文，但我覺得以汪治惠博士的翻譯最為傳神。

《高飛》

嘿！我已掙脫地球的桎梏，
伸展銀翼空中飛舞；
迎日爬升，進入陽光劈開的雲霧，
不禁歡笑心喜……做了成百上千種事情，
你做夢也無法想像……盤旋，滑翔搖擺，
高飛於遍灑陽光寧靜中，
在那兒徘徊，獨自追趕咆哮的風，
駕駛飛機，穿過無底雲廊……向上，向上，
飛向狂喜，熾烈藍空，

輕鬆自如，登上風捲殘雲的高點，那兒雲雀未至，傲鷹無蹤，
心懷向上渴望，我已踏進，
神聖不可侵的高崇空域，
伸出雙手，輕觸上帝的臉龐。

High Flight

Oh! I have slipped the surly bonds of Earth
And danced the skies on laughter-silvered wings;
Sunward I've climbed, and joined the tumbling mirth
Of sun-split clouds, – and done a hundred things
You have not dreamed of – wheeled and soared and swung
High in the sunlit silence. Hov'ring there,
I've chased the shouting wind along, and flung

My eager craft through footless halls of air…

Up, up the long, delirious burning blue

I've topped the wind-swept heights with easy grace

Where never lark, or ever eagle flew –

And, while with silent, lifting mind I've trod

The high untrespassed sanctity of space,

Put out my hand, and touched the face of God.

—— John Gillespie Magee, Jr. (1922-1941)

「做了也沒用」的態度

哥倫比亞號太空梭

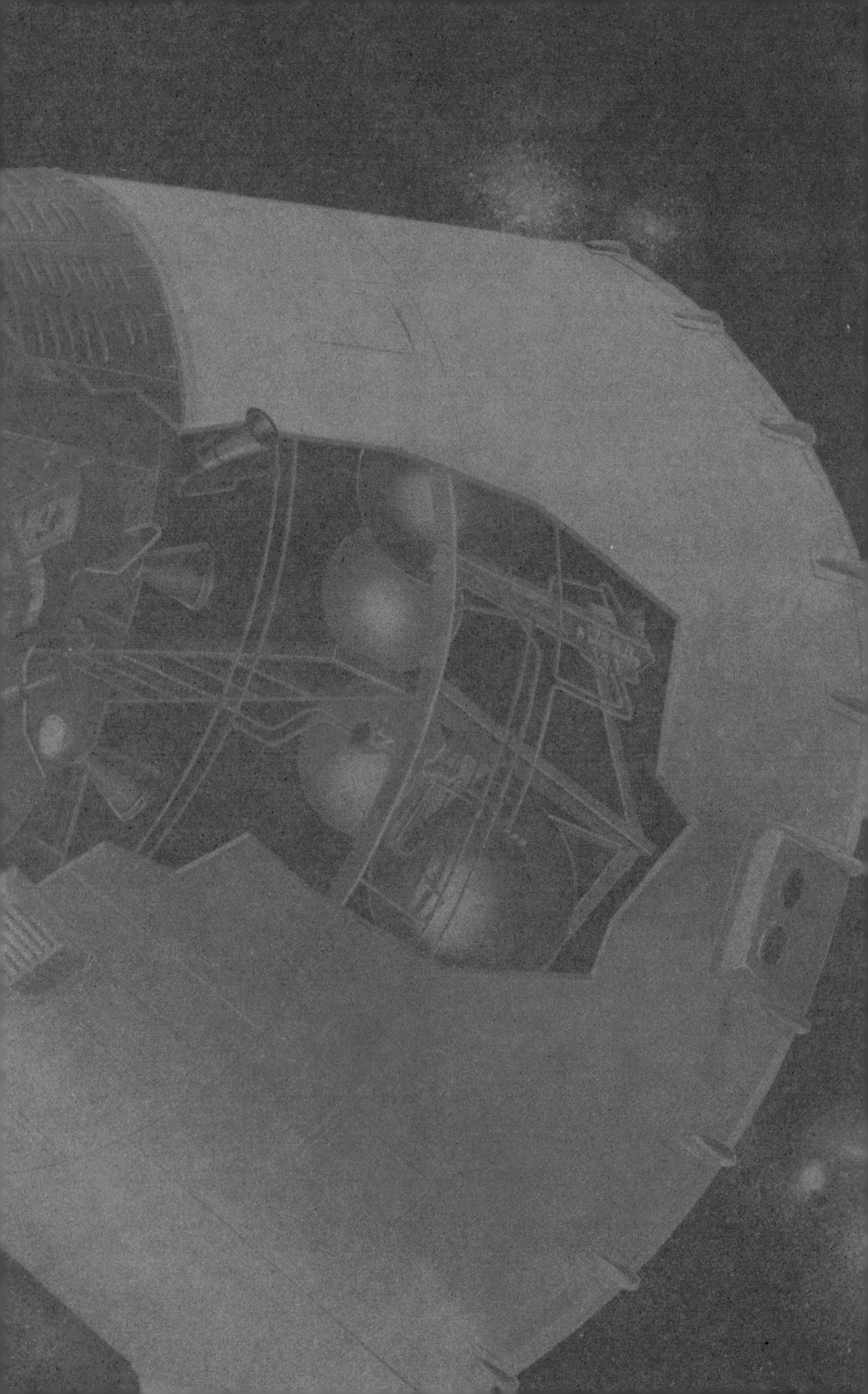

二〇〇三年二月一日，在太空軌道中已經運行十五天，繞行地球兩百五十多圈的哥倫比亞號太空梭已經完成了任務，即將在這天返回地球。

美東時間八點十四分，哥倫比亞號太空梭通過印度洋上空時，任務指揮官哈斯本（Rick Husband）將反向火箭啟動，這是太空梭返回地球的第一步。當時太空梭的速度是時速一萬八千哩，距離地面的高度是一百七十哩（約九十萬呎）。兩分三十八秒之後當反向火箭關閉時，太空梭的時速僅減緩了一百七十六哩，但就是這麼微小的速度差異，已足夠使它離開原來的軌道，開始下降。

那時外界還是一片漆黑，哥倫比亞號太空梭在預定航線上緩緩下降。半個鐘頭之後，八點四十四分，它已接近夏威夷群島西北邊九百哩的地方，高度已經降到大氣層邊緣的四十萬呎（一般客機巡航高度是在三萬至四萬呎之間）。按照返航計畫，哥倫比亞號太空梭將在那裡進入大氣層。

當時哥倫比亞號太空梭的速度是二十五馬赫[1]，佛羅里達州的卡拉維爾角太空基地在它四千五百哩（七千兩百公里）的東南方，預計半個小時之後，哥倫比亞號太空梭將要於美東時間上午九點十六分在那裡降落。其實兩個多星期之前的一月十六日，任務編號為STS-107的哥倫比亞號太空梭就是從同一地點於發射升空。這是國家太空總署所進行的第一百一十三次太空梭任務。

哥倫比亞號太空梭是國家太空總署的第一架太空梭，一九八一年四月十二日首航發射升空。在此後的二十二年間它一共進入太空二十八次，在太空中逗留的總天數超過三百天，也繞行過地球四千餘圈。這一次太空任務的主要目的是在太空中進行來自不同單位或國家所要求的八十多種不同實驗，這些實驗是由四位任務專才人員所負責執行，他們分別是：

安德森（Michael Phillip Anderson），空軍中校飛行官，於一九九五年加入國家太空總署成為任務專才人員。這次是他第二次進入太空執行任務（先前曾參與STS-89的太空任務），他在這次任務中擔任任務專才長一職，負責任務中所有的實驗。

布朗（David Brown），海軍上校飛行醫官，也是合格的海軍飛行員。於一九九六年加入國家太空總署，這是他第一次太空飛行。在這次任務中他與另一位海軍醫官克拉克負責執行醫學／生物在無重狀況下的實驗。

克拉克（Laurel Clark），海軍上校醫官，於一九九六年加入國家太空總署，這也是她第一次太空飛行。這次任務中她負責與布朗上校合作進行各項實驗。

喬拉（Kalpana Chawla），第一位進入太空的印度裔女性，她擁有航太工程博士學位，也是合格的商用飛行員及飛行教練。她先是在一九八八年加入國家太空總署擔任工程師，三年後歸化美國成為公民後，又於一九九五年被錄取為太空人。這次是她第二次進入太空執行任務（先前曾參與STS-87的太空任務），負責進行與太空科學有關的一些實驗。

除了這四位任務專才人員外，組員中還有一位酬載專才人員拉蒙（Ilan Ramon

1　25馬赫即為音速的25倍，音速會因高度、溫度及空氣密度而改變。在40萬呎的高空，25馬赫約為每秒鐘8公里。

），他是以色列空軍上校飛行官，曾於一九八一年參與攻擊伊拉克原子反應爐的作戰任務，他是那次轟炸任務中最年輕的一位成員。一九九八年以色列與美國簽署了一項協議，將他送進國家太空總署接受太空人訓練。這次是他第一次太空飛行，在任務中負責進行由特拉維夫大學（Tel Aviv University）設計的地中海以色列塵埃實驗（Mediterranean Israeli Dust Experiment）。

任務指揮官哈斯本是美國空軍上校試飛員，有三千八百餘小時的飛行經驗。他在一九九四年被選入國家太空總署成為太空人，這是他第二次進入太空，也是第一次擔任機長之職，先前是在STS-96任務中擔任飛行員。之外，負責操作哥倫比亞號太空梭的是飛行員麥克庫（William McCool），海軍中校試飛員，擁有航太工程碩士學位，這是他第一次的太空任務。

繽紛奇景

哥倫比亞號太空梭的這次任務由一開始籌劃就不是很順利，因為要執行的實驗多達八十多種，每次在做任務討論時，總會有一些問題無法解決，於是為了解決那些問題，發射日期就一延再延，等到太空梭在二〇〇三年一月十六日終於發射升空時，已是延期十八次之後！

進入太空後，哥倫比亞號太空梭反倒是一帆風順，所有的實驗都如期順利完成。在二月一日結束了十六天的任務，開始返航。

進入大氣層後，任務指揮官哈斯本將哥倫比亞號太空梭的機頭拉高至四十度，幾乎完全以機腹對著大氣層下降前進。那時太空梭的速度是二十五倍音速，機體與大氣層中的空氣分子快速摩擦後產生高達華氏三千度的高溫，而機腹上的那些防熱磚則順利的將高溫擋在太空梭外面，使內部的人員與機件絲毫不會受到高溫的影響。

進入大氣層後不久，坐在駕駛艙右座的副駕駛麥克庫見到駕駛艙外面開始有一些橘紅色的光在閃動，他想起在受訓的時候曾有許多教官告訴他，重返地球大氣層時，一定要好好欣賞駕駛艙外因為空氣摩擦產生高熱情況下所引起的電離子漿體，那種以橘紅色為主、五顏六色如火焰舞動般的奇景，在地面很難看到。

「這就是所謂的電離子漿體光秀嗎？」麥克庫想由任務指揮官哈斯本處得到證實。

「現在就有了嗎？」坐在他後面的任務專才組員克拉克隨即問道，她與麥克庫都是第一次進入太空，因此什麼都覺得稀奇。

「對的，那就是電離子漿體。」已有一次太空飛行經驗的哈斯本對他們說。

「我要將這個景象照下來。」克拉克興奮的將攝影機對準窗外開始攝影。

「等一下這個電光秀會更精彩。」哈斯本笑著說。

真如哈斯本所說，當哥倫比亞號太空梭的高度越來越低，外界的空氣密度越來越大，太空梭外面的溫度就越來越高，駕駛艙前的光色也開始越發豔麗，像是火苗似的在駕駛艙外舞動。麥克庫驚嘆著這科技界與自然界結合時所產生的美景。

消失的左翼訊號

八點五十三分，通過夏威夷北方九分鐘之後，哥倫比亞號太空梭就已抵達加州舊金山北邊的海岸。那時的高度是二十四萬八千呎。加州許多太空迷早在天還沒亮、清晨五點之前（加州時間，美東時間上午八點）就在各地架好照相機，希望能照到哥倫比亞號太空梭返航飛行的相片。

洛杉磯每日新聞的攝影記者布勒溫斯（Gene Blevins）特地跑到加州理工學院的歐文斯山谷無線電天文台，在那裡架好照相機，希望能以天文台的巨型無線電盤形天線作為背景，拍下哥倫比亞號太空梭飛在黎明天際的相片。

但當他由照相機的望遠鏡頭看到哥倫比亞號太空梭時，他注意到了在機體下方有著一條長長的火舌，這與他之前在同個地點所看到的其它太空梭有著顯著的不同，他覺得那條火舌應該不是高熱的電離子漿體，但他又說不出來那到底是什麼。當時他想著，等會兒下山之後，再拿相片去問他在噴射推進實驗室（Jet Propulsion

Laboratory）上班的朋友。然而就在他下山的路上，他就由收音機上知道是怎麼一回事了。

也幾乎就是在哥倫比亞號太空梭通過加州的同時，任務管制中心負責監控機械系統的工程師克寧（Jeff Kling）注意到由哥倫比亞號太空梭上所傳來的資料當中，左翼內部兩個液壓溫度的顯示消失。幾秒鐘後，左翼由液壓控制的兩個襟翼訊號也消失了。

「怎麼回事？這不是開玩笑的事……」他自言自語的說著，隨即將狀況向負責太空梭重返控制的主任凱恩（LeRoy Cain）報告。

凱恩一聽是左翼的問題之後，立刻想到了在哥倫比亞號太空梭發射後八十一秒時，有一塊泡沫塑料由外油箱外層脫落，撞擊到太空梭的左翼下方。為了這件事，太空總署的幾位專家開了很多會來討論這個狀況。當時他們都認為泡沫塑料是一種非常輕、密度非常稀的材料，撞在堅固的機翼上，應該不會產生任何問題。況且在三個月之前，亞特蘭提斯號太空梭（Atlantis）曾經發生過類似的狀況，結果也是毫無影響，安全落地。於是任務管制中心的管理階層及工程師們，都無異議的接受了這個判斷。

凱恩想到這裡，一個不安的念頭掠過他的腦海，雖然他希望這幾個消失的訊號和那塊泡沫塑料的撞擊無關，但事情也太巧了吧。

那時站在他後面的任務管理小組主席韓琳達（Linda Ham）聽到這個消息時，轉頭對著太空梭專案經理狄特摩（Ron Dittemore）簡短的說：「是左翼。」狄特摩擦了擦額頭上的汗，點了點頭，沒說什麼，但是他知道事情不好了。

這時哥倫比亞號太空梭的高度已經降到二十二萬五千呎，正以十四萬三千哩的時速通過新墨西哥州的阿爾伯克基市（Albuquerque，New Mexico）。

為了保險起見，凱恩問了其他幾個系統的負責人，想知道有沒有任何其它異常的現象。那些系統負責人都回報一切正常。聽了之後他心安了，太空梭裡有成千上萬的感應器，偶爾幾個失靈故障是很平常的事。

就在那時，哥倫比亞號太空梭任務指揮官哈斯本的聲音由擴音機中傳來：「啊，誒，休（士頓）……」他剛開始講話，訊號就被切斷。這種情形在太空梭返航時經常發生，所以任務管制中心的人並沒覺得有什麼特別，他們認為哈斯本的聲音很快就會再度由擴音機中傳出。半分鐘之後，哈斯本的聲音沒有出現，但克寧卻在此時再度向凱恩報告，左起落架的兩個主輪壓力指示也消失了。

這時凱恩真正開始擔心了，一連串同一部位附近的感應器訊號消失，這不大可能是儀錶錯誤。他低頭看了一下錶，十七分鐘之後，哥倫比亞號太空梭就要落地了，如果左起落架的輪胎在此時漏氣失壓，那將是個非常嚴重的狀況。他腦子快速的盤算著，在這短短的時間內他將如何應付這突發的狀況。

在任務管制中心專門負責與哥倫比亞號太空梭通話的太空人郝鮑（Charles Hobaugh）聽到克寧所說有關左起落架主輪壓力的問題後，立刻主動與哥倫比亞號太空梭聯絡：「哥倫比亞號太空梭，休士頓，我們看到你左起落架胎壓的警告，另外你的上一則通話我們沒聽完全，請重複。」

聽到郝鮑的詢問後，哈斯本再度發聲：「聽到，誒……」他的最後一句話還沒說完，哥倫比亞號太空梭與地面的所有訊號就在那一刻中斷。

凱恩在這時也注意到他前面電腦顯示器上由哥倫比亞號太空梭所傳回來的數據，先是變成亂碼，然後完全停止了顯示。他急忙與負責儀錶與通訊的工程師霍普（Laura Hoppe）聯絡，霍普表示先前其它太空梭在返航時雖也有偶爾訊號中斷的狀況，但是從來沒有出現像這次所有的資料鏈中斷。

凱恩知道哥倫比亞號太空梭出了大事，而且很可能與發射時那塊泡沫塑料撞上左翼，有著密切關係。他覺得他的心開始下沉，似乎無止境的快速下沉，他抬起頭看到任務管制中心的工程師們似乎都在為這個狀況感到迷惑，從來沒有一架太空梭在返航時與地面的所有訊號同時中斷。

空中解體

這時一位住在德州達拉斯東邊的梅斯基特小鎮（Mesquite，Texas）、名叫蒂茲（Jim Dietz）的人正在他的後院仰頭上望，他是太空迷，每次太空梭返航時，他都會按照太空總署所公布的時間在他家後院等待，這次也不例外。八點整（美東時間九點整）的時候，哥倫比亞號太空梭準時的在天際出現，他興奮地按下照相機的按鈕，但他透過照相機的望遠鏡頭，見到兩塊很大的機體由哥倫比亞號太空梭上飛脫，而且太空梭後面那條凝結尾也正在變換著形態，一下變粗一下又變細，每換一次就有一些碎片由太空梭上脫落。他一開始還無法理解這到底是什麼情況，但很快的就知道他正目睹著哥倫比亞號太空梭在空中解體！

任務評估中心主任唐納．麥庫瑪克（Donald McCormack）正急著想了解哥倫比亞號太空梭失去聯絡的原因時，他桌上的電話響了，他抓起聽筒還沒來得及報出自己的名字，就聽到對方以非常情緒化的聲音喊著：「唐納！唐納！我看見了，我看見它了，它在空中解體了！」麥庫瑪克聽出那是他屬下的一位正在休假的工程師艾德．卡斯基（Ed Garske）。

「艾德，冷靜一下，你在說什麼？」雖然讓對方冷靜，但唐納本身的口氣也是相當急促。

「我看見太空梭了，天哪！它在我眼前解體了！」艾德幾乎是以嗚咽的聲調告訴唐納他剛看到的情形，原來他那天帶著一群幼童軍外出旅遊，他知道哥倫比亞號太空梭會在當地時間八點左右通過德州上空，於是他在預定的時間把車開下公路停妥，想讓幼童軍看到太空梭劃空而過的英姿，卻沒想到他讓自己再度經歷了一次夢魘，因為十七年前他也曾在卡拉維爾角親眼目睹挑戰者太空梭的爆炸！

如果是平時艾德打電話告訴唐納他剛目睹太空梭在空中解體，唐納會認為這傢伙根本就是在開玩笑，不過現在哥倫比亞號太空梭已經失去了聯絡，艾德的這通電話卻讓唐納面對了心中最不願意面對的事實。

唐納馬上將這消息轉告凱恩，凱恩聽了之後先是愣了一下，隨即非常冷靜地說：「知道了。」然後他轉身對著控制中心的警衛說：「將門鎖上！」這是太空總署危機處理計畫中的第一步，不准任何人出入控制中心，當班的每一個人必須將自己所負責部分的所有資料保存起來。

排除了恐攻

當天上午國務院的官員們知道這個消息後，第一個反應竟是懷疑這起失事案件是否是恐怖份子攻擊所造成。因為哥倫比亞號太空梭的七位組員中的拉蒙是以色列空軍上校，曾於一九八一年參加轟炸伊拉克原子反應爐的任務。為了避免中東恐怖份子因為他的參與而對這次太空飛行進行攻擊，國家太空總署還特別在發射當天於卡拉維爾角部署了額外警力。國務院把「事故是恐部份子造成的」這種疑慮傳遞給太空總署高層，但太空總署的官員認為不可能，向國務院解釋說哥倫比亞號太空梭發生意外時的高度及速度，恐怖份子不可能從地面或空中對它進行攻擊。

當天下午兩點，小布希總統在電視上宣布：哥倫比亞號太空梭在完成為期十六天的任務後，在當天上午於返回地球途中失事，七位太空人無一倖免。

這個消息頓時震撼了美國社會，因為經過一九八六年一月挑戰者太空梭的失事後，太空梭已經重新設計，也安全地飛行了十七年，沒想到就在人們逐漸接受太空梭往返太空已是日常生活一部分的時候，卻發生太空梭空中解體的慘劇！

有經驗的意外事件調查專家

國家太空總署署長奧基夫（Sean O'Keefe）在事件發生當天，也根據危機處理計畫，組成了一個意外事件調查小組。這個調查小組與挑戰者太空梭意外調查小組不同的是：挑戰者號的調查小組是由雷根總統下令組成，並欽點調查小組的主席。而這一次的調查小組則是由國家太空總署署長召集，並由署長指定主席。

奧基夫在接任國家太空總署署長之前，曾擔任過海軍部長，因此對海軍事務較為熟悉。在考慮哥倫比亞號太空梭失事調查小組主席的人選時，他想到了曾擔任寇爾號驅逐艦（USS Cole）恐怖攻擊事件調查小組的副主席、海軍退役上將格曼（Harold Gehman）。奧基夫非常讚賞格曼在調查寇爾號事件的表現，因此在找調查小組負責人時，第一個就想到格曼。2

格曼在接到奧基夫的電話邀請他擔任哥倫比亞號太空梭失事調查小組主席時，想著卻是他完全不了解太空梭，這讓他如何去主持失事調查？

奧基夫針對格曼的困擾回覆：「我不是在找一個航空專家，我在找一個有經驗的意外事件調查專家。」在了解奧基夫的用意後，格曼答應接下這個調查的重擔。

奧基夫隨後就將那份危機處理計畫用電子郵件傳給格曼。計畫中清楚的表明失事調查小組中該有十二位成員，其中六位是在計畫中就預先指定的非國家太空總署成員，他們都是航太或航太失事調查方面的專家，另外六位成員則是由調查小組主席自由約聘。

格曼很快的就選定了包括萊德博士在內的另外六位專家加入調查小組。萊德博士是美國的第一位女太空人，曾兩次進入太空，也是唯一曾參加兩次太空梭失事調查的人。

當天下午五點，僅距哥倫比亞號太空梭失事八個小時之後，失事調查小組就舉行了第一次視訊會議，格曼以主席的身份開始指派小組成員每人的職務，並表示調查小組的首要任務就是殘骸的搜集。哥倫比亞號太空梭的殘骸散佈在達拉斯市東南邊，因此國家太空總署決定將所有蒐集到的殘骸暫時集中到附近的巴克斯岱爾空軍基地（Barksdale Air Force Base）。政府將會在次日派專機將調查小組成員送到該地。

同時，四十餘位工程師及技工正由卡拉維爾角出發前往巴克斯岱爾空軍基地，他們是國家太空總署的先遣部隊。他們的任務除了搜索殘骸之外，還包括向搜救人

2 2000年10月12日，凱達恐怖組織在葉門的亞丁港對美國驅逐艦寇爾號（USS Cole）進行自殺式的恐怖攻擊，造成十七名海軍官兵死亡的事件。

員及當地警方說明太空梭上有哪些危險物品，不可以觸摸，必須謹慎處理。

失事調查小組的成員在次日到達巴克斯代爾空軍基地之後，還沒接觸到任何殘骸之前，就由一些工程師處聽到了一個相當聳人聽聞的消息：國家太空總署內部其實有人早就知道，哥倫比亞號太空梭這趟返回地球之旅，將會冒著極大的風險。

知道了又能怎樣？

原來，在哥倫比亞號太空梭發射後的次日，卡拉維爾角附近已有許多追蹤發射情況的攝影單位，陸續將自己所錄到的影片送到太空中心。一位技師在檢視這些影片時，看到了一段令人不安的影像，於是他通知專門負責分析影片的工程師佩吉（Bob Page）前來他的工作室觀看這段影片。

那段影片顯示，發射後八十一秒的時候，有一塊泡沫塑料由外油箱外層脫落，撞擊到太空梭的左翼下方，導致一陣像粉狀的碎片由左翼下飛脫。佩吉看了之後，立刻想到僅僅三個月之前，雅特蘭提斯太空梭發射時，也曾經有過相似的狀況，不過那次看不清楚泡沫塑料是由外油箱的哪個部位脫落，但可以很清楚的看見那塊泡沫塑料撞到太空梭機身，並沒有造成太大的傷害。

這次剛好相反：可以很清楚的看見泡沫塑料是由外油箱與太空梭之間的支架處脫落，但卻看不清楚是撞到太空梭左翼下的哪個部分。不過根據影片上顯示有一大片粉狀碎片由左翼下飛脫，可以知道左翼下方受傷的情況可能不輕。

佩吉開始搜尋由其它攝影機所拍攝的影片，希望看清楚到底左翼的哪一個部位被這塊泡沫塑料撞到，以及受損害的情況有多嚴重。但是沒有一個攝影機拍到他想要看到的部位。

於是佩吉立刻用電話通知發射控制主任郝爾（Wayne Hale），告訴他太空梭可能在發射中受到重大撞擊，然後將那段影片用電郵轉給他。隨後佩吉甚至親自趕到郝爾辦公室，當面向他說明這是件相當嚴重的事。

佩吉記得在一九八八年十月間，發現號太空梭（Space Shuttle Discovery）在發射時有一塊艙板脫落，那次為了確實了解那塊艙板附近的機件有沒有受到損傷，國家太空總署曾委託國防部用極機密、高倍數的間諜望遠鏡去拍攝發現者太空梭，因此他覺得在這時候該再度使用同樣的方法來取得哥倫比亞號太空梭的像片，以便了解左翼下方的受傷情形。但他本身的機密層級不高，當時只是耳聞這件事，而沒有親眼看過那些屬於極機密的相片。

在郝爾的辦公室裡，當佩吉提出請國防部協助用極機密高倍數的間諜望遠鏡去拍攝哥倫比亞號太空梭的外觀時，郝爾一句話都沒說，雙眼一直盯著佩吉看。

原來，佩吉獲得授權的機密等級不夠高，在沒有極機密等級的情況下，提出這樣的請求是非常不適合的！佩吉很快的就了解他觸犯了國防工業裡相當敏感的話題——他可以提出請求，需要太空梭這個部位的照片，但他不可以說他想要用什麼特定相機來拍照——於是他趕快換了另外一種問法：「目前我們完全無法知道哥倫比亞號太空梭到底有沒有受傷？我們非常需要那個部位的相片。」

郝爾這回有了反應，他簡單的回覆：「讓我想辦法。」

佩吉離開郝爾的辦公室後，郝爾立刻打電話給任務管理小組主席韓琳達及太空梭專案經理狄特摩兩人，將哥倫比亞號太空梭在發射升空時被泡沫塑料撞擊的事向他們報告，並將佩吉要求國防部協助拍照的事提出。但這兩人都認為這次的撞擊事件與三個月前，亞特蘭提號斯太空梭被泡沫塑料撞擊的事一樣，既然上次沒有發生意外，這次應該也是一樣，不會有事。

雖然那兩位主官都不認為這是什麼大不了的事，但很快的整個國家太空總署太空梭部門的人幾乎都知道了這件事。結構總工程師羅卡（Rodney Rocha）覺得這個問題很嚴重，尤其是左翼被撞後，有一大片粉狀碎片由左翼下飛脫，這些碎片來自左翼下方何處？會不會對太空梭產生立即的危險？這些都是問題，如果要有準確的答案，就必須要有太空梭左翼下的相片，讓工程師們根據相片去判斷受損的程度。

除了郝爾及羅卡提出照相的要求外，聯合太空聯盟公司（United Space Alliance）[3]也提出了同樣的口頭請求，因為他們根據那段發射時的影片，初步判斷泡沫塑料很可能將左翼下的起落架艙門撞壞，失去了隔熱效果，那麼左起落架的輪胎絕對無法承受重返地球進入大氣層時所產生的高熱。

這三個單位都提出了同樣的請求，韓琳達及狄特摩兩人因此針對到底要不要申請國防部去拍這組相片，展開了激烈的辯論。韓琳達的觀點是，即使由相片中發現某個部位受損，哥倫比亞號太空梭上的太空人也沒有任何方法去修理，地面也無法及時發射另一架太空梭前去營救他們，這種情況下花那麼多經費去取得這個相片到底有什麼意義？

狄特摩無法反駁韓琳達的這個論點，因為哥倫比亞號太空梭上沒有安裝那個巨大的機械手臂，也沒有為太空漫步所準備的太空衣及繫纜，因此太空人根本無法走出太空艙前去檢查或修理。這種情況下即使由相片上發現任何部位受創，也無法改變任何情況。

答案在磁帶機裡

失事調查小組在獲悉上述的情節之後，認為這是一條相當重要的線索。但還需要其他的資訊與線索來確實了解失事的原因。

太空梭上並沒有一般客機上為紀錄飛機最後飛行狀況的「黑盒子」，因為這些原本要記錄在黑盒子裡的資料，都即時的用遙測方法傳回休士頓太空中心。不過哥倫比亞號太空梭是國家太空總署的第一架太空梭，建造時就在內部安裝了許多感應器來紀錄試飛時各方面的資料，以供工程師們參考，這些感應器所得到的資料都記錄在一個磁帶機裡（OEX, Orbiter Experiments recorder），而這個磁帶機在哥倫比亞號太空梭正式服役後並未拆除。因此國家太空總署及失事調查小組都認為這個磁帶機裡該藏有一些他們迫切想知道的失事細節。於是國家太空總署將尋找這個磁帶機

3 聯合太空聯盟公司是一家由洛克希德．馬丁公司及波音公司合作成立的公司，專門處理太空梭在地面包括發射及落地的所有事宜。

定為搜尋的第一優先。

工程師們向搜尋人員說明這個磁帶機的外觀，並要他們特別注意。但有些工程師私底下確認為，這個磁帶機可能是找不到了。因為在設計這個磁帶機時，只是將它當成一個暫時儲存資料的系統，沒有像設計民航機黑盒子般的考慮到外殼要耐高溫及防震。工程師們不認為它能挺過由二十餘萬呎高空墜落地面的撞擊。

兩萬五千多位搜尋人員在一個多月的時間內，足跡覆蓋了七十餘萬英畝，找到了八萬多個零件與碎片（幾乎是百分之三十八的哥倫比亞號太空梭），卻沒有找到這個磁帶機的蹤跡。就在國家太空總署要放棄繼續搜尋的時候，有一位工程師在地圖上標下航空電子設備艙內每一個組件被發現的位置，然後用電腦分析出一個模式，再根據那個模式，判斷這個磁帶機最可能墜落的地方是達拉斯東南方兩百哩處的翰菲爾縣內（Hemphill，Texas）。然而這個區域早被搜尋過兩次，可看到的所有殘骸都已被收走，搜尋單位認為不可能再出土新東西了。但是國家太空總署卻執意要他們無論如何再搜一遍，因為這個磁帶機對整個失事調查來說實在太重要了。

祈求就得著

一位由佛羅里達前來支援搜尋工作的救火員貝克（Art Baker），是一位虔誠的基督徒。他知道那個磁帶機對失事調查的重要性後，於是在重新搜尋那個區域的前一晚，非常迫切的對上帝祈禱，要求上帝協助。也許上帝被他的真誠感動了，第二天上午他在山間蔓藤雜草中前進時，腳下踢到了一個東西，他低頭一看，就是那個黑色的磁帶機！

這實在是一個無法解釋的奇蹟，這個磁帶機由二十餘萬呎的高空摔到地上，竟然沒有受到太大的損傷，也沒有砸進土裡，它的外觀雖然受到重擊，但依舊是完整的一台機器而沒有分解。

更讓人感到慶幸的是，由找到磁帶機的地方再往前三公里，就是分隔德州與路易斯安那州的大湖。如果下墜的過程中風速稍微改變一點點，這個磁帶機很可能就會墜入湖中，永遠無法找到！

找到這個磁帶機幾個小時之後，它已送抵調查小組的手上。調查小組成員魏濤（Dave Whittle）隨即很小心地親自搭機，護送它到明尼蘇達州的愛梅勛公司（Imation Corp，磁帶機的原廠）。愛梅勛公司的技師將外殼打開後發現，內部儲存資料的磁帶竟然絲毫未受到損傷。

這時已是哥倫比亞號太空梭失事後六個星期，調查小組對它為何失事還沒有任何概念。由搜尋到的殘骸及發射時的影片判斷，僅可以確定一塊由外油箱上脫落的泡沫塑料曾撞擊到左翼某處，但卻沒有任何線索可以將那塊泡沫塑料與太空梭空中解體連到一起。國家太空總署中有些人認為那塊泡沫塑料將左翼下的起落架艙門撞壞，在重返大氣層時，與空氣摩擦所產生的高熱由起落架艙門進入左翼內，導致最後的慘劇發生。然而也有許多人根本不相信那塊脫落的泡沫塑料能造成那麼大的傷害。

重返控制主任凱恩在找到磁帶機之前，與一群工程師們推測了可能導致太空梭失事的十種原因，其中包括大多數人認為的「左起落架艙門被泡沫塑料撞壞」這個選項。但當愛梅勛公司將磁帶機內的資料解讀之後，很容易的就讓那群工程師們發現起落架艙門及起落架在太空梭解體之前，並沒有受到高溫的侵害。

根據磁帶機的解讀資料顯示，在哥倫比亞號太空梭發射八十一秒之後，一個在左翼前緣第九片艙板後面的感應器，曾記錄到瞬間異常的應力增加，表示左翼前緣在那時受到外物撞擊。而在太空梭重返地球進入大氣層，麥克庫及克拉克在座艙中討論電離子漿體光秀的同時，左翼前緣溫度感應器則記錄到溫度快速的上升。在這同時，左翼前緣的應力感應器曾在訊號消失前記錄到附近的鋁架有不正常的膨脹——鋁合金在高溫下的正常反應。

工程師們根據溫度與應力感應器的位置及它們所記錄的資料算出，導致溫度增加的熱源位置，是在左翼前緣第八片艙板。

有了這些資料之後，工程師們幾乎可以斷言，發射八十一秒後一塊泡沫塑料由外油箱外層脫落，撞到哥倫比亞號太空梭的左翼前緣第八片艙板，將那裡撞出一個洞，翼前緣被撞破的碎片由左翼下飛脫。太空梭重返地球進入大氣層時，與空氣摩擦所產生的高熱由那個破洞鑽入左翼，左翼內部的鋁合金支架在三千度的高溫下開始融化。

而此時太空梭是由自動駕駛在操作，當左翼因高溫而變形時，左右兩翼所產生的浮力就不再相同。為了保持太空梭的平直前進，自動駕駛開始用右翼後緣的襟／副翼來改變右翼的翼形，以便配合左翼，這些自動駕駛的資料都曾以遙測方式傳回休士頓太空中心，而自動駕駛的資料與磁碟機的資料不謀而合！

最後，當左翼被高溫熔化，由機身脫落後，整個太空梭開始在空中滾轉，導致最後的空中解體。

儘管有著如此完整的資料。但國家太空總署內有許多人，包括太空梭專案經理狄特摩，都無法苟同這個根據資料而推測出來的失事過程。因為太空梭的翼前緣艙板是由非常堅固的加強碳碳複合材料（Reinforced Carbon Carbon）所製作，他們不相信一塊鬆軟的泡沫塑料可以將堅硬的艙板撞破。

工程師們當然知道泡沫塑料相當鬆軟，更知道加強碳碳複合材料非常堅硬，但物理的數據不會騙人。工程師們根據影片上所顯示的泡沫塑料大小，算出那塊泡沫塑料長度大約是二十一到二十七吋長（五十三到六十九公分），寬度是十二到十八吋（三十到四十六公分）寬，重約一點七磅（不到一公斤）。當那塊泡沫塑料由外油箱脫落時，太空梭的時速是一千五百六十八哩，幾乎是兩倍音速的高速。又因為泡沫塑料鬆軟的特質，脫落後它在強風中立刻減速，工程師們根據塑料的體積、重量、風速及空氣密度算出，在五分之一秒的時間它的時速就降到約一千哩，因此嚴格說起來並不是那塊泡沫塑料撞到太空梭，而是太空梭撞上了那塊塑料。在那麼大的速度下，一塊只有一點七磅的泡沫塑料，竟是以一噸左右的力量撞到左翼前緣。

當年七月一日，工程師們為了證實他們的理論，在德州聖安東尼市的西南研究機構（Southwest Research Institute）做了一個實驗。他們用空氣砲將一個等同尺寸的泡沫塑料，對著一塊由發現者太空梭上所取下的左翼前緣第八塊艙板發射。當塑料以高速撞擊到那塊加強碳碳複合材料時，就像工程師們所預測的情形一樣，那塊艙板被撞出一個差不多十六吋（接近四十六公分）方圓的洞！

這個實驗證實了工程師的推斷，肇事的緣由就是外油箱上脫落的那塊泡沫塑料！但真正置太空人於死地的卻是國家太空總署裡高階人員的決定。

任務管理小組主席韓琳達在事後對記者們說：「從來沒有任何人或單位正式向我提出要求對哥倫比亞號太空梭照相的請求。」

但她也承認她說過「即使由相片中發現某個部位受損，哥倫比亞號太空梭上的太空人也沒有任何方法去修理，地面也無法及時發射另一架太空梭前去營救他們，這種情況下花那麼多經費去取得這個相片是沒有任何意義」等語。

不過調查小組主席格曼卻不認同這個說法，他要求國家太空總署去研究，如果當初向國防部提出照相申請，而在一月十七日就由所拍攝的相片中證實哥倫比亞號太空梭已無法安全的重返地球的話，國家太空總署該如何處理這件事？國家太空總署指派資深航行主任夏儂（John Shannon）與他的團隊去做這個研究。

兩個星期之後，夏儂向調查小組提出研究結果。他表示如果太空人減少活動的話，哥倫比亞號太空梭上的食物、水、氧氣及電力該可以支持到二月十五日（發射日期是一月十六日）。根據這個時間，他做出以下假設來陳述他的研究結果：

決定執行營救任務後，國家太空總署於一月十九日下令給甘迺迪太空中心。即刻開始為亞特蘭提斯號太空梭做緊急升空的準備，如果每天三班輪值，週末不休的話，最早可以發射的機會是在二月十日的午夜，升空之後可以在二十四小時內與哥倫比亞號太空梭在太空會合。

亞特蘭提斯號太空梭將由下方向哥倫比亞號太空梭接近，這時兩架太空梭背部的巨大艙門都必須打開，當兩者接近到五十呎（十五公尺多一點）距離時，亞特蘭提斯號太空梭停止前進。亞特蘭提斯號太空梭上的兩個太空人將帶著兩件太空衣，由亞特蘭提斯號太空梭的巨大機械手臂送到哥倫比亞號太空梭。哥倫比亞號太空梭上的七位太空人則分成三次前往亞特蘭提斯號太空梭，最後兩位離開哥倫比亞號太空梭的人應該是任務指揮官及飛行員，他們必須將哥倫比亞號太空梭設定成可以經由休士頓遙控而飛行的模式。這樣在日後休士頓就可以在恰當的時刻，將哥倫比亞號太空梭駛離軌道，進入地球大氣層，然後墜落在海上。

亞特蘭提斯號太空梭接了七位哥倫比亞號太空梭的太空人後，再飛返卡拉維爾角的甘迺迪太空中心落地，完成營救任務。

夏儂所呈現的設想營救任務，聽起來非常合理，技術上也說得通，但卻有著非常大的風險，因為這其中有著太多的假設，而那些假設都必須有個肯定的答案，這個營救任務才能圓滿達成。

國家太空總署內有些人對這個設想的營救計畫嗤之以鼻。他們認為在還沒解決外油箱泡沫塑料脫落的問題之前，就冒然發射另一架太空梭實在是非常魯莽的事，因為在前三次太空梭發射時，就有兩次有泡沫塑料脫落的問題。如果在發射時這架太空梭再度碰上同樣的問題，那豈不是更大的痲煩？

但太空人團隊的主管羅明格（Kent Rominger）卻不這麼認為，他覺得如果國家太空總署願意一試的話，其實成功的機率是很大的。

然而，那畢竟只是一個假設，是一個「事發後再去推斷事前可做的事情」的情節，無法去證明可行與否。

二〇〇三年八月二十六日，調查小組公布調查結果。調查報告中指出哥倫比亞號太空梭失事的主因是一塊由外油箱脫落的泡沫塑料，擊中太空梭的左翼前緣第八塊艙板，將它擊破。這導致在重返地球進入大氣層時，機外與空氣摩擦所產生的高溫，由那個破口進入左翼內部，左翼內部的鋁合金支架在三千度的高溫下開始融化。不平衡的空氣動力在太空梭機身左右方導致太空梭開始在空中亂轉，繼而解體。

調查報告同時指出，國家太空總署及太空梭專案本身的文化，也是促使哥倫比亞號太空梭失事的原因之一。在資源受到限制、維持進度的壓力卻不斷的增加，使國家太空總署以過去成功的案例作為日後飛行安全的依據，而省去了以工程測試作為安全憑據的作法，再次彰顯了領導階層不聽信專業工程師建議的悲劇性後果。而最諷刺的就是，那些忽略專業的領導階層，之所以能晉升到目前的高位，都是因為他們當初在基層擔任工程師階段表現優異！

筆者在美國太空界任職四十餘年，見識過太多這種「階級霸凌專業」的例子。

企業高層主管所考慮的主要是預算與進度，工程師所注重的卻是飛行器精確與安全的運轉，而在雙方產生衝突的時候，有決定權的卻是掌管預算的上級。許多時候，上級為了預算、進度或外界的觀點，傾向放手一博。如果成功，他們贏得更高的職位及掌聲，萬一賭輸，犧牲的是他人的父兄姐妹！

平心而論，一九八六年挑戰者太空梭的升空爆炸，及二〇〇三年哥倫比亞號太空梭的重返地球解體，皆非出乎意料之外的事。在事後檢討時所指出的系統缺陷，可以很快的改正，同時確認同樣的機件故障不會再犯。但高層人員的心態卻很難改正，因為今天為安全而提出建議的工程師，很可能就是明天為預算而霸凌專業的經理！畢竟，同樣的事情在每一個階層所考慮的因素都是不同的。

結語

突破最後的疆界

二〇一四年，美國總統歐巴馬訪問中國，中共國家主席習近平與他會面時說：「太平洋夠大，容得下中美兩國。」

不過在美國的眼裡，不要說廣大的太平洋，就算浩瀚無垠的宇宙太空，也容不下兩個國家。美國在太空的領域起步比較晚，一九五七年蘇聯的史波尼克人造衛星進入太空的同時，總算將美國由沈睡中喚醒。在一路奮起直追的過程中，雖然遭受不少挫折與失敗，但美國在六十年代真是卯盡全力想要在登月的競賽中獨佔鰲頭。然而在一九六六年間，因為預算裁減的關係，美國擔心自己恐怕無法搶先登陸月球，於是就在聯合國推動「外太空條約」，要求各國應將太空探索用於和平目的，並強調太空屬於全人類，沒有國家得將任何太空星體據為己有。其實這是防止蘇聯在登陸月球後，宣布月球為其所有，就像以往在大海中發現一個島嶼一樣。

早在登陸月球之前，美國就已知道自己在這場太空競賽中會取得最後勝利。這時有人覺得在登陸月球時該插上一面聯合國的旗幟，表示登月的太空人雖是美國人，但卻是代表全人類前去月亮，這樣也符合「外太空條約」所代表的精神。

只不過此時美國的想法已經有了一百八十度的改變，美國國會為此事還特別通過一條法律，禁止國家太空總署將美國以外的旗幟插在月球上。

其實美國的這種舉動並不奇怪，因為每一個國家都希望自己能在太空中稱霸。如果真是為了全人類的福祉而開發太空的話，那麼有能力的國家應該共同合作發展太空科技，而不是各自做著同樣的事。甘迺迪總統就曾因為登月計畫的預算過高，而想過與蘇聯合作，共同研發登陸月球的科技，免得兩國花雙倍的錢只是為了達到同樣的目標。但蘇聯並未理會甘迺迪的這項建議，說明了蘇聯也了解太空有無限潛在的資源，不可與他人共享。

當阿姆斯壯踏上月球，將美國的國旗插在那孤寂了千萬年的月球表面後，美蘇之間的太空競賽暫告一段落，美國贏得第一回合的勝利。同一年尼克森總統在就職演說中，宣告將以談判代替對抗，以緩和代替冷戰的策略。美蘇之間開始進入長達十餘年的低盪時期（Détente），在這段期間最顯著的成果就是阿波羅－聯盟測試計畫（Apollo-Soyuz Test Project）。美國的阿波羅太空船與蘇聯的聯盟太空船於一九七五年七月十七日在太空中銜接，雙方太空人互相進入對方的太空船參觀。

此後，美國的太空梭也曾造訪蘇聯在一九八六年發射的和平號（Mir）太空站。顯然美蘇兩國已達成某些程度上的共識，在太空方面合作已取代競爭，美國的太空梭於二〇一一年退休之後，所有前往國際太空站（International Space Station, ISS）的任務都是借用蘇俄的聯盟號太空船來完成。

美蘇之間的和解並不表示從此之後所有的國家在太空中都能合作。美國於一九九八年開始製造國際太空站時，曾邀請蘇俄、日本、加拿大及歐盟諸國參與這個計畫並分擔費用。當時參與諸國曾簽署「政府間太空站協議」（Space Station Intergovernmental Agreement），此協議載明太空站的產權歸屬、每個國家該分擔的費用及使用權限。當時美國因為顧忌先進的太空站科技可能被轉移到軍事用途，因此未邀請中國參與。

美國不但不允許中國參與國際太空站的設計與活動，更於二〇一一年通過一條法律，禁止美國國家太空總署與中國合作。然而中國的太空發展並未因此而受到衝擊，中國自製的太空實驗室天宮一號於二〇一一年九月升空，並在同年十一月與神舟八號無人太空船在太空中進行銜接。兩年後神舟十號的三位太空人也曾在天宮一號太空實驗室中生活了十二天。二〇一六年十一月神舟十一號的三位太空人更在天宮二號太空實驗室內停留卅天，進行一連串的科學實驗。

由這兩個太空實驗室所獲得的經驗，促使中國在二〇二一年四月將天宮太空站的天和核心艙發射進入太空，三位太空人並於當年六月駕駛神舟十二號太空船進入太空，進入天宮太空站的天和核心艙，並在太空站內停留三個月後，於九月返回地球。

太空競賽的成果

由蘇聯發射第一顆人造衛星至今已經超過六十年，在這六十年間人類曾成功的登月，也曾將無人的探索器送到火星，更在太空軌道中建立了可以長期居住的太空站。然而各國花費那麼多的預算與精力，在太空中所爭取的到底是什麼？

其實這些在太空中競爭的國家，在太空中所得到最多的，竟是對本身地球的認知。一九六八年阿波羅八號成為第一個繞月飛行的太空船時，太空人安德斯（William Anders）在月球軌道上見到地球由黑暗的太空中緩緩升起時，拍下了那張著名的「地球升起」（Earth Rise）相片，並說：「我們前去探索月亮，卻發現了地球。（We set out to explore the moon and instead discovered the Earth.）」

誠然，進入太空最大的獲益者是在地球上的人類本身。氣象衛星讓人類準確的預知天氣的變化，通訊衛星讓距離萬哩之外的人們互相進行視訊通話，導航衛星讓飛機、輪船及汽車精確地前往目的地，軍事衛星的地面監控人員更是可以即時知道敵人的動態。這些在太空中的人造衛星讓人類在地球上的生活更方便、舒適與安全。

依據二〇二一年四月底的統計，太空中一共有四千零八十四枚人造衛星在太空軌道上運轉。其中有兩千五百零五枚是美國的衛星，排名第二的則是中國，僅有四百卅一枚衛星，是美國的六分之一！可見美國對太空的依賴程度。

美國除了軍方與企業界積極開發太空之外，一些富可敵國的商人也試圖以自己財富的力量，購買進入太空的機會。最初美國國家太空總署對這些商人是採取「勸阻」的態度，太空總署認為這些人進入太空之後，很可能會因為好奇心理及訓練不足而造成意外事件。

但美國並不是唯一可以提供火箭進入太空的國家，二〇〇一年蘇俄以兩千萬美金的代價，將一位美國企業家緹度（Dennis Tito）用聯盟 TM-32 太空船送入太空，並在國際太空站上生活七天。這是第一位純粹以旅遊心態進入太空的遊客。

英國企業家布蘭森（Richard Branson）於二〇〇四年成立以太空旅遊為業務宗旨的維京銀河（Virgin Galactic）公司，並在二〇二一年七月十一日成功將布蘭森及三位公司員工送入太空。

美國亞馬遜公司（Amazon）創辦人貝佐斯（Jeff Bezos）於二〇〇〇年創辦的藍源公司（Blue Origin），也是以開拓太空旅遊為目的，該公司在布蘭森進入太空九天之後，於二〇二一年七月廿日以一枚火箭將貝佐斯及另外三人送入太空。

這些民間公司成功地進入太空，代表著太空產業已經接近成熟，「欲上青天攬明月」的夢想已經不再是太空人的專有權利了。

重返月球

而美國政府在最後一次登月的四十五年之後，於二〇一七年十二月宣布成立阿提米斯[1]專案（Artemis Program），目標是在二〇二四年將包括一位女性太空人的太空組員送往月球。並於二〇三〇年之前在月球建立長期太空基地。日後前往其他星球的太空之旅都將以月球作為中繼站，而火星正是美國在太空中的下一個目標。

阿提米斯專案的登月方法，不同於當年的阿波羅登月計畫。阿波羅計畫中的登月艙是與指揮艙由同一火箭發射進入太空，在完成登月任務後，登月艙就被拋棄。而阿提米斯專案的構想卻是使用獵戶星太空船（Orion Spacecraft）由地球前往一個繞飛月球軌道的小型太空站「月球關口」（Lunar Gateway），獵戶星太空船進入月球軌道後，先與「月球關口」銜接，讓太空人在那裡轉搭星船載人落月器（Starship Human Landing System, Starship HLS）往返月球，這個星船載人落月器是可以重覆使用的。這表示著美國已經期待在未來的歲月裡，前往月球或是由月球作為探索太空的中繼站，已是必然的事。

為了能確保這些在太空中的設施不會被其它的國家所侵犯，美國於二〇一九年成立「太空軍」，這是世界上第一個將武力帶到太空的國家，也是第一個將這個武力成為獨立兵種的國家。這明顯的與五十三年前美國所倡導的「外太空條約」中強調各國應將太空探索限於和平用途，有著顯著的矛盾。

無論是一九六七年的倡導和平使用太空，或是二〇二〇年成立太空軍，美國都是以自身的利益作為前提。因此在日後太空發展的過程中，太空的資源也將被幾個強權大國把持。

十九世紀美國開拓西部時，靠的是勇氣與執著，而這些努力使美國在廿世紀成為主導世界的強國。在突破最後的疆界，前往地球之外的星體時，執著與勇氣固然是必備的條件，但科技卻是不可缺少的要素。過去五十餘年在太空中的經歷，每一項行動都展現出科學家們精準的研究結果，而日後的探索更要靠科技人員的努力突破與創新。

1 因為希臘神話女神阿提米絲是阿波羅的學生姐姐，而之前的美國登月計畫被命名為阿波羅計畫，因此這次的探月計畫就被稱為阿提米斯計畫。

科技可以幫助人類在太空中獲致更多的福祉。但什麼時候在面對浩瀚的宇宙時，在這小小藍色星球上的人類，才能像當初阿姆斯壯登月時，不要再分彼此，而只想到「我們」人類！

國家圖書館出版品預行編目資料

星際先鋒：美國衛星製程總工程師解密7宗太空意外事件/
王立楨著. -- 初版. -- 臺北市：遠流出版事業股份有限公司,
2021.11
面； 公分
ISBN 978-957-32-9281-4(平裝)

1.太空工程 2.太空飛行 3.太空船 4.太空人

447.9 110014298

星際先鋒

美國衛星製程總工程師解密 7 宗太空意外事件

JOURNEY TO THE EDGE Accidents and Disasters in the History of Manned Spaceflight

---

作　　者 王立楨
行銷企畫 劉妍伶
執行編輯 陳希林
封面設計 李東記
內文構成 6 宅貓

發 行 人 王榮文
出版發行 遠流出版事業股份有限公司
地　　址 104005 臺北市中山區中山北路一段 11 號 13 樓
客服電話 02-2571-0297
傳　　真 02-2571-0197
郵　　撥 0189456-1
著作權顧問 蕭雄淋律師
2021 年 12 月 01 日 初版一刷
定價 平裝新台幣 340 元（如有缺頁或破損，請寄回更換）

ISBN：978-957-32-9281-4
YLib 遠流博識網 http://www.ylib.com
E-mail: ylib@ylib.com
